聽說你在創業

林育聖 鍵人 ——著

這時代需要這樣一本書。
一本說出當責之人，他心中聲音的書。

目次

寫給老闆、負責人、頭家、BOSS、主管的序

我覺得，這時代需要這樣一本書。
一本說出當責之人，他心中聲音的書。

二〇一六年，我在臉書上寫了一篇文章，叫「聽說你在創業」。該篇文章至今還是我個人帳號上，迴響最熱烈的一篇，有興趣的朋友可以再回味一下（見下方QRcode）。

在那之後，我就常遇到許多老闆跟我訴苦，各種苦，包含我文章裡說到的與員工之間的關係、一個人打拼卻不被體諒、付出與收穫不成比例、想當個好老闆卻總是被逼成慣老闆……等。

雖然我們都知道，這社會上還是有好老闆、好員工、好情人跟好人。

但人就是這麼奇怪，你遇到一百個人對你好，不會覺得怎樣，但只要一個人對你壞，你就會覺得這社會好可怕，人性好可怕。

在創業的路上，我們何止遇過一百個人？

從商業合作夥伴、顧客消費者業主、員工夥伴合夥人，公司最麻煩也最逃不開的，就是關乎「人」的事了。

這其中，每日陪伴我們最久、影響我們心情最大的，就是朝夕相處的員工了。

我問過每個老闆，全都曾為員工的事困擾過，各種花式困擾都有，有偷盜公司財物的、有放任公司事務不管的、有積極向上後取走公司資源自立為王的、有消失不見蹤跡的、有整天在社群上演哀怨宮廷劇的……這些問題小則影響公司運作，大則破壞公司根基，讓老闆失去相信人的能力皆有。

我們都知道，好夥伴好員工有，但也知道糟糕的人同時存在，糟糕的人會讓你印象深刻，並顛覆你的想像，成為你心中的傷並改變你的領導模式。

如同社會上好老闆也是很多，但壞老闆才會上新聞版面，成為眾矢之的，成為「老闆」的形象。

好情人都相守一生，恐怖情人才會鬧上新聞，難道我們就因此害怕感情了嗎？

因此，我想寫這本書，寫下你們的心聲。

不是站在公司的角度，說一些管理啊、領導啊、職場人生哲學之類的，這種東西大家都已經聽膩了，不過是尋常老闆喜歡說的大道理而已。

我希望站在一個「人」的角度，擔任老闆這份職務，寫出我們心中會有的想法、現實會有的掙扎，好像我們看電影時，都會怒罵癡情主角：「這有什麼好猶豫的，快甩了那個賤人啊！」但等到感情抉擇真的在自己身上發生時，我們卻難以做下決定。

我想寫出那些困難的抉擇，背後的心情。創業路上兇險萬分，當初不知道信了誰、吃錯什麼藥，才會走上創業這條路。

「既然自己選擇了這個頭銜，就要做好承擔到最後的準備。」

我們都不想找人麻煩，麻煩的從來都是這世界複雜的運作。而我們就是必須第一個面對麻煩的人。

聽說你在創業，那你應該被叫過老闆、頭家、BOSS、負責人……等，不管哪一個稱謂，都代表著這間公司所發生的事情，都是你的事。

我們是老闆，但我們又不老也不古板。

我們是活生生的人，我們有血有肉，有家人有孩子，有感情有苦惱，有歡樂有情緒，有責任有困難。

我想寫出這些。

比起冰冷的公司管理，比起無情的職場生存，比起社會所渲染的對立聲音，我們都應該更瞭解，每個人內心的聲音。

這是一本關於老闆心聲的書。

也是一本關於：我們都不容易的書。

希望這本書，能稍稍地療癒一點，你那創業路上的心傷與苦。

寫給夥伴、員工、職員、吃人頭路的序

這會像是一本日記。

記錄著責任二字的煎熬。

創業之前，我也當了幾年的員工，曾在自己的臉書上記錄了當初職場的心情和委屈。

是的，當員工的我們，都有點委屈。

總覺得自己不被認可，總覺得自己常被誤會，總覺得自己值得被更好的對待，總希望可以更被信任與做更大的事。

總覺得總覺得，都是我們自己覺得，但老闆都不這麼覺得。

因此我們總覺得老闆很壞、主管很糟。覺得這些主事者都是討人厭的角色，總推翻自己的努力，又取得過多的利益。

這些心情常常環繞於我的心中，心裡想著：「如果有一天我當老闆了，我一定不要這樣。」

我們總是難以理解「上頭」下的決策，覺得許多事應該顯而易見，但不知道為什麼他們都看不到，是換了位置就換了腦袋，還是站得太高腦袋就凍傷了呢？

如同我們都聽不慣「養兒方知父母恩」，「當了爸媽你就知道爸媽的辛苦」這類「幹話」一樣，覺得即使如此，也不能掩蓋掉父母對我們的錯誤。

雖然我們不知道好主管、好老闆是什麼樣子，但我們可以確定，自己的主管老闆都不好。

我心裡存著一個好老闆的樣子，那是我當老闆後，努力要變成的樣子。

直到我們擔負了責任。

當你成為小組長，也開始帶人後，覺得別人真的好難帶，講好多次還聽不懂。

當你升上小主管，也開始面試招募後，覺得新鮮人真的好不會寫履歷，面試態度也好差，好人才真是不好找。

當你也成了經理，開始扛組織業務與拓展業務時，覺得底下的人怎麼這麼不努力、這麼不拼命，外面世界有多殘酷他們真是不懂。

當你滿心期待的開了店，當起小老闆，覺得做生意真是不簡單，花錢請人來他還像大爺一樣等著招呼，愛來不來。

當你雄心壯志的開了公司，當了創業者，覺得競爭壓力好大，市場變化好快，為什麼夥伴們動作都這麼慢，整間公司好像只有自己在打拼。

人都沒變，世界也沒變，我們只是看見了不同世界。

原來，過去的我們覺得顯而易見的原因，都是因為有人扛起了複雜的道理。

在那些複雜殘酷的道理之中，都有著讓人難以抉擇的挑戰，並且必須做出讓人無法接受的決定。

要選擇裁退一個部門，好換取組織多存活三個月的希望嗎？

要選擇接下一場硬仗，好換取下一個月全公司的薪水嗎？

或是選擇用今年尾牙的經費，來進行這一次冒險的提案——成功了，大家明年可能加薪；失敗了，則今年連年終都發不出來。

每一個選擇，背後都是一條血管，連著一個家庭的明日。

責任，改變了我們。

老闆是一份工作，有一個「人」負責這項工作，他承擔了我們看不見的責任，所以做了我們不理解的決定。

這不是一本教你如何當老闆的書。
而是一本，記錄著責任背後心聲的書。
像翻開一本日記，讓我們看見那些不容易。

引言

「你為什麼假日還要進辦公室？」

老闆，作為一種職業，很少說話。
或者說，很少說關於自己的話。
談經營、談管理、談公司未來與發展……就是不談自己。

我們背上這身分後，自己就消失了，取而代之的，是責任下的稱呼。
那些社會上，責怪的慣老闆。
那些辦公室裡，被說不懂裝懂的笨老闆。
那些茶餘飯後，被嫌棄抱怨的蠢老闆。
每個員工版本不同，但大多不是什麼好聽的話。

老闆，是一個很髒的職位，諷刺的是，這職位是我們自己選的。
跟大多數工作一樣，是自己選的，但我們更髒許多。
因為在話題裡，我們都是帶給別人痛苦的角色。

提案不過、薪水給太少、指令不明確、上禮拜說的這禮拜又換……

職場上的抱怨，大多因老闆而起。

彷彿老闆是這一切苦痛的根源，只要老闆一消失，那這一切就會解決了。

老闆何苦存在？

「你是工作狂嗎？」

沒有人喜歡工作，我的夢想就是不工作。

不論工作再怎麼喜歡，只要冠上工作二字，就不那麼有趣。

就好像書本再怎麼有趣，只要說「下禮拜要考」，那學習就死去。

老闆也不想工作。

幾乎我認識的每個老闆，包括我，假日都會進辦公室。

是因為他們喜歡工作嗎？

職場上常聽到有人說：「如果是我喜歡做的事，那即使每天加班也願意。」
通常，這樣說的人，總是找不到喜歡的事。
老闆不加班的，因為沒有下班。
這是生活，再加下去，人生就會倒下。
人生是取捨，你不能貪心什麼都要，那是找工作才可以奢求的事。

常說老闆不是人。
當然，是人都不該背負這麼大的責任。

所以我想寫，寫點老闆的心聲。
無關商業、無關管理、無關領導、無關市場。
只關乎，這個職位。
被稱為負責人的，老闆。
你。

PART／1 創業之初

1 想成為不一樣的老闆

「你為什麼想創業？」我常問那些認識的老闆朋友，好奇大家最初的理由是什麼。這就如同面試時都會問的一句廢話：「你為什麼想做這份工作？」

「因為之前的老闆太爛了，覺得自己幹比較好。」

「覺得上班沒辦法做想做的事，所以想說自己出來拼看看。」

「想多賺點錢，吃別人頭路賺的錢都給老闆了，不如自己拼自己賺。」

「最後一間公司倒了，那公司的業務有六成是我一手建立起來的，當時的老闆不知道在想什麼，一下子就想跨到海外，結果資源不足，連主業務也拖垮了，我覺得很可惜，所以想把這些業務接回來做，我想當不一樣的老闆。」

「我上過很多班，覺得跟過的主管、老闆都太鳥了，心想他們這樣都可以做事，那我一定可以不一樣，所以就跳出來做了。」

「當時我看到一個市場的機會，跟老闆提，他一直機機歪歪的不肯做，我怕這機會會錯失，所以就辭職自己做了。」

「工作十二年，跟了這老闆八年，我為他打下半片江山，最後他兒子從國外讀書回來，就把我換掉，我氣不過，決定自己幹，我要當個不一樣的老闆，絕不會做出這種忘恩負義的事！」

我聽過許多說法，綜合來說，都是：「想當不一樣的老闆。」

當然，我不知道他們原本的老闆是怎樣，而不一樣又是怎樣的不一樣，在一個版本的故事裡，我們永遠無法知道事實，只能感受到情緒。

如同那些青春，總愛強調做自己，說自己跟別人不一樣的叛逆期，回過頭才發現，原來我們都一樣。

說自己不一樣的人，其實是害怕被人家發現，自己其實沒那麼特別。

第一天上班，以為自己是不一樣的職場工作者，這個職場將可能因自己而改變，卻發覺勇氣不足以支撐面子，所學不足以支撐日常，只好跟著前輩學習，做著跟前輩一樣的事。

久了，也漸漸跟別人一樣，好像那些孩子，小時候創意無比，經過小學後我們都是一樣的分數，不一樣的只有排名。

所以我們選擇創業，想證明自己不一樣，創一個屬於自己的事業，在市場上證明不一樣，當個不一樣的老闆，我們都不想平庸如此，還想奮力一搏，過去老闆總是做許多奇怪的決定，現在我當老闆了，我自己只做對的決定，這總該不一樣了吧。

但創了業開了公司，我們就不一樣了嗎？我們公司有跟別人不一樣嗎？

或者說，員工有覺得，你是不一樣的老闆嗎？

我們公司原本是沒有打卡的，是「真．責任制」。上班時間幾點來都可以，下班幾點走都可以，工作交辦後，自己抓時間做完即可。

以創作為主的公司，我想很多人都希望能夠有自由的時間可以運用，我過去是這樣，因此我開公司也這樣做。

過了兩年，一個夥伴跟我說，沒有上下班時間，他覺得自己一直都在上班，好累，身體也出很多問題，即使六日在家也在想工作，總想趕快把工作做完。

但工作哪有做完的一天？生活哪有過完的一天？

於是他覺得自己都沒有下班，好累好累。

與其他人討論過後，決定增加上下班打卡，讓大家真的有打卡下班的感覺，下班後就不再打擾大家，上班要外出或做其他事也都是自由的。

僅僅是增加「打卡上下班」這個儀式，就充滿意義。

區分了上班與下班、公與私、老闆與員工。

後來我才瞭解，為什麼這世界上大多數公司，都需要這樣的儀式，而這件事甚至被納入法規，無法提供打卡資料的公司是必須開罰的，誰管你員工方便快樂開心與否。

而我所知道的老闆，每個都是假日也進辦公室處理事情，他們不打卡，怕自己超時工作被發現。

打卡上班後第一個月，在統計出缺勤時，我心裡泛起一陣酸苦。

終究，我們也打卡上下班了。跟別的公司一樣。

曾想過公司氛圍應該要很溫馨很可愛，大家就算不到一家人，也該是一群朋友，公司小，沒什麼階層，因此上至公司發展規劃財務、下至感情創傷貓狗生病，我知無不言，盡量地與大家分享生活大小事。

想當不一樣的老闆，想當自己心目中理想的老闆。

這些老闆的心中，都有一種感慨：「當年如果我也能遇到像我這樣的老闆，就好了。」

我以為這是件很幸運的事，他們能遇到我是一件很幸運的事，這老闆親切、沒有架子、善於傾聽與溝通、充滿耐心又溫柔……我以為。

有次看到一位老闆，在臉書上發表自己的「用心良苦」，那次是看到員工上班時的小動作，於是找了員工跟他懇談一番，他寫道：「我可以選擇什麼都不說，但我還是說了，只希望能在你們未來的人生中，曾經想過有老闆願意跟你說這樣的話，這其實是機會教育，我也很怕被你們解讀成機車老闆，但有些話不說，可能你們永遠不會知道問題在哪裡。」

那篇貼文底下留言許多，有說老闆很用心，也有說老闆太費心了，更有說這老闆真好真棒。

事實上，這位老闆，一定會被當作是機車老闆的。

雖然我們都懂。

但我們怎懂員工的心情？他們只希望老闆不要管那麼多就好。老闆做得像爹娘一樣，你以為他們會感謝你嗎？

就如同許多父母都曾想過，當年如果自己被這樣栽培就好了；而子女其實想說的是：「我想要擁有自己的人生。」

我們想當不一樣的老闆，想開一間不一樣的公司，總覺得自己在做不一樣的事。

大家都不想一樣。

這點倒是，蠻一樣的。

2 創業成本

有多少老闆當初算過公司的經營成本，算完了覺得會賺，所以才開公司了呢？

大多數老闆都有算過。但也都算錯了。

一做行銷顧問的老闆，從前自己工作時，除了上班外還可以接案，薪水有時每月達二十五萬，雖忙碌但收穫豐富也值。

後來接案業務漸多，在多方思考與朋友建議之下，開了自己的公司，找了間辦公室，也從身邊朋友中找了三位作為第一批員工，開始了創業生活。

其實一開始算很簡單，他一個人假設每月能接五個案子，一個案子算三萬就好，每月十五萬足夠，而員工每人接二至三個，大概六到十萬產值，扣除薪水與開銷，每月應該可以有三十萬的收入，可以作為之後開發其他業務的基底。

歲月想得美好，事實殘酷靜好。

第一個月，每個員工都只能做一個案子，而且還把這一個案子做到需要他出面處理，而他自己手上的案子也因此分身乏術難以維持品質。想著，只是大家不熟練吧，當練兵我們慢慢來。

第二個月、第三個月……忙活了半年後，每個月大概持續虧損三至五萬，累積下來也快虧二十幾萬了，後來終於撐不住，結束了這間公司，回頭重新來過。

算盡了收益，卻忘了算支出，不是薪水、辦公室租金、公司福利等，而是在人身上的支出，那些時間與心力。

朋友說他就是新手創業，太過樂觀了。

我創業時運氣較好，沒真的虧到什麼大錢。初期都是我自己一人，接案、講課、寫書等，每月扣除辦公室與個人支出後，收入都有逐漸上升。

但我陪家人的時間越來越少。

原本在我的一人辦公室，太太每天中午會帶著當時的大女兒，一起帶便當給我，在小小的辦公室三人窩在裡頭吃午餐，是我一天中唯一與人說話的時刻。而到了假日還是會出去走走，逛逛百貨或是找個親子餐廳玩耍。

後來因為常有下午的行程，中午就叫太太不用過來了，我自己便利商店吃一吃即可，一禮拜大概有兩、三次是這樣的狀況；再後來連假日都有活動與課程，也越來越少出遊，只剩下晚上如果有體力的話，可能到附近的公園走走。

如果有體力的話。

我算了很多成本，卻沒把自己算進去，那些我們不知不覺中損耗掉，生命中重要的事，像家人、像情人、像自己的價值，又或是自己的心情。

上班時我們想不到成本，最多的大概就是時間成本，覺得自己一天或八小時或十二小時的花在工作上，付出這些成本，該得到多少報酬。

但當工作是自己的事業時，我們已經不去計較時間成本了。當你把生命都投入進去，去計算花多少時間都不再重要，怎麼算都是一天二十四小時罷了。

同時那些原本在人生中重要的事，也都變成代價丟了進去。

公司後來有許多年輕夥伴，大多是女孩子，有新交男朋友也有交往許久的，他們假日常一起出遊爬山看海，晚上下班後會打電話跟男朋友討論等等要去吃什麼晚餐，三、四天的連假也會看到偶有出國或是三天兩夜的旅行。

太太看到後，略感嘆道：「真是青春啊。」

我說：「我們也還很年輕啊。」

太太翻了個白眼：「是啊，但你的時間已經老了。」

時間已經老了，這句抱怨很實際，彷彿我們什麼都有，但卻再也走不動了。

當有空時，我想到的是多寫幾篇文章、多接一點課程、多寫幾個案子，或是調整公司的服務、撰寫更多教學資料等；再有點空，會想到找個朋友聊一下公司遇到的問題，維繫一下跟客人之間的關係，報名一些一直想上的課程……而不是找間餐廳跟太太吃個飯，帶小孩去哪邊玩。

我把時間填滿的背後，沒有家人。

以前我也喜歡打電玩，如一些線上遊戲或是手機遊戲，學生時期玩得較多，出社會後雖然少了，但下班後還是會忍不住想玩個兩、三小時，當時還是女朋友的太太，發覺我有這興趣後，一開始有點埋怨，但後來也接受了，我跟她說這是我短暫脫離現實的方式，也是我排解壓力的方式。

打電玩的時間，即使是小孩子剛出生時，也並沒有因此改變，有時也是一邊抱著孩子餵奶，一邊眼看螢幕，當時太太還將此拍照下來，蔚為奇觀。

「其實很多男生都會這樣。」我辯解道。

「你少把其他人拖下水。」

我以為我會一直找到新遊戲、新電玩，常說男人到老都是孩子，玩遊戲就是最好的代表。

但在開公司後，我玩遊戲的時間就消失了。

每天一大早就出門，到晚上八、九點才回家，洗澡吃飯後，陪孩子看個書，待孩子睡著，我把時間留給跟太太一起看個韓劇，好歹知道一下最近她愛上哪個歐巴。又或者我們一起聽著音樂，我繼續看著粉絲團的留言與回覆。

遊戲還是會下載，還是會買下來（大多線上購買），但許久沒打開玩過了。手機遊戲也持續推陳出新，但已經鮮少認真玩過哪一個遊戲。看著遊戲討論區的熱門排行榜，我一個個都聽過知道，但再也沒點進去參與過。

突然間，我心裡那個愛玩遊戲的孩子長大了，那個存在我心中多年的孩子，我一直以為我會這樣一輩子過下去，玩一輩子遊戲、一輩子有點天真地做著別人說浪費時間的事，那些曾經是我的生活，也將是我的人生，與別人談論遊戲、入迷著迷，永遠可以在充滿奇幻的世界裡，做著屬於自己的英雄夢。

如今，那夢醒了，不是婚姻、不是工作也不是醒悟時間寶貴。

就是創業了。

我付出了我生命中曾經很重要的一部分樂趣，當作成本，開了公司，開啟事業這條路。

或許會說不玩遊戲是好，但如果這樂趣是運動、是閱讀、是陪伴家人呢？哪一個樂趣是真的好呢？

我省吃儉用，時間東括西搜，都投入在公司裡頭，付出了所有關於「我自己」的成本來經營，為的是在這艱難的市場上存活下來，獲得一席之地。

到最後，公司活了下來，一部分的我卻死去了。

那死去的成本，太高了。

我們一輩子都賺不回來。

3／老闆很愛上課

我在開文案課程時，有分平日與假日，平日大多是私定的企業內訓，而假日則是可任意報名的公開班。

公開班的報名者，組成各有所異，有快出社會的學生、認真工作的上班族、做自己事業的生意人、經營自己粉絲團的社群編輯……等，大家希望瞭解如何透過文字去達成自己的目標。

其中有一個群體特別多，就是老闆，或說即將成為老闆的人。

曾有一位穿著灰西裝，年約四十歲，梳著整齊髮線，初看倒覺得不像是上課，比較像是要來開會的學生。

我問他為什麼要來上文案課呢？

他說：「因為準備要創業了，所以需要自己寫文案，以前都叫部屬寫，現在自己要寫寫不太出來，所以想說來上課看看。」

另一位，年歲更長一些，頭髮已有明顯斑白，穿著淺色POLO衫，休閒中帶有些威嚴感，如假日巡店的督導一般。

他表示自己就是老闆，開公司幾十年了，以前是做貿易業務，現在要轉型品牌，因此找了行銷團隊開始準備。

我開玩笑的說：「那老闆不用來上課啦，應該是要寫的員工來就好了，老闆你出錢就好。」

老闆認真的說：「我要先學會，才能知道他們寫得對不對，也才好知道該怎麼給他們意見。」

還有一位，大約三十出頭，充滿幹勁的女老闆，剛創業兩年，品牌小有所成，也來上課。

我也跟她說：「老闆怎麼自己來上課呢？小團隊的話，老闆可以跟寫的那位一起來，這樣以後比較有共識。」

她靦腆的說：「沒有啦，就我一個人寫。」

我有些驚訝：「咦妳沒有其他員工嗎？」

「有，不過他們就是做客服、出貨之類的，行銷品牌都是我做的。」

小公司，分工沒那麼細，老闆通常都是先一手包辦。

不同的老闆，不管生意大小，不管經營多久，或許面臨的問題不一樣，但卻有同樣的一點焦慮。

就是總覺得自己學得不夠。

我自己在職場時，就很喜歡到處上課。公司有補助時，我就會以外縣市課程為主，多上點不一樣的課。如公司沒有補助，我則找同縣市，為自己省點車錢。

創業後，當假日有空閒時，就會找些更昂貴的課程，看看不同等級的課大家在上些什麼？除了學習更好的上課模式之外，也可以認識一起上課的同學。

更重要的是，創業後，發現自己遠遠不足的地方太多了。

過去我從來不曾想過，自己會需要去上「華語文表達課」。畢竟，我們總認為自己還蠻會說話的，如果口齒不清，就會當作是個人風格。但當我開始講課，開始對員工佈達事項時，我就發現這是個問題了。總是會有人聽不懂我說的話，語速太快、咬字不清、邏輯跳躍……等，我一時之間不知該如何改進，於是只好去上課，求助老師。

另一堂我印象較深刻的課，是關於電話銷售的課程。由於早期公司電話大多是我接聽的，舉凡案件、課程詢問，又或是面試、包裹或其他不明所以的電話……等，雖然自己透過經驗累積了許多說電話的小技巧，但還是很常遇到不知道該如何處理、或覺得可以做得更好的時候，於是跑去上了一位很知名老師的課，透過老師的經驗，也讓我整理出一套比較有架構的電話溝通方式，得以分享給其他夥伴。

過去我也會覺得「誰不會說話啊？」、「誰不會講電話啊？」但等到創業之後，才發覺過去那一點自信，根本不足以支撐市場的競爭與壓力。我們都不確定自己以前所學的到底夠不夠用，因此期待透過其他老師在市場上的經驗，給自己一點幫助與信心。

如果老師給予的是全新觀念，那感覺就會非常興奮，覺得自己好像摸到了新的方法；如果老師給予的觀念是之前已有大概瞭解的，那不僅可以再複習一次，更會有種安心的感覺，覺得：「幸好自己知道的是對的。」

這跟一般想像的老闆可能不太一樣，就我看到的老闆，都是最忙碌的一群，平時忙著處理公司的事，假日急著到處去上課多學習。

要面試新員工，才發現自己的面試技巧很爛，問不出什麼關鍵問題，於是趕快找面試技巧的課。

公司人數多了，才發現管理上一團亂，到處都有人吵架，於是開始學管理與領導。

業務拓展多了，多線齊下，忙不過來，時程亂成一團，不知道該怎麼辦，發現原來專案管理是學問，趕快找老師上課。

要開始自己跑業務，跟工廠談條件，發覺怎麼談都被壓著打，於是趕快找溝通與談判的課程。

要做品牌了，對行銷、社群都不懂，年輕人的創意也看不懂，趕快買幾本書，找幾堂課來上。

真的當老闆後，才發覺處處是學問，每一個領域都有其專門的方法與步驟，過去自己所認知那點淺薄的觀念與似是而非的理論，根本不足以在戰場上生存。

從人事到業務、從工廠到行銷，以前在公司內見樹不見林，還常覺得別人做事幹嘛這麼麻煩，現在整片林看見了，卻找不到斧頭砍第一棵樹。

但時間緊迫，怎麼辦呢？總不可能每個領域再花三、五年去累積經驗吧。所以只好找課來上，上課是最好最快的方式。也是當老闆後，才懂學習的重要。

當然這麼說，很多人還是會覺得奇怪，因為從相處上，總感覺老闆很愛不懂裝懂，總是打高空理論而不落地，講一堆卻不知該怎麼做，觀念老舊且不懂現在的趨勢。

這樣是正常的。

因為有太多東西要學了，總學不到每個人頭上那塊。所以每個員工看到老闆，好像都有那麼一點不專精，大家互相一對照，就形成了對老闆的印象。

事實上，市場哪可能學得完呢？

我們不過是在緩解自己的焦慮而已。

開公司後覺得什麼都不夠，不夠快不夠好不夠多，又無能為力，只好趕快去學。

為什麼商管類的書，總是有一定的銷售量，明明許多不過老生常談而已，談管理談領導談市場，唯有用心觀察云云。這類書，再低都可以有保底的程度，就是因為老闆們這群購買者。

他們幾近不分，先買再說，翻了幾頁，有幫助就看完，沒幫助就放著，他們不缺這點書錢，但害怕錯過任何一絲可能，哪怕只要能減低自己一點點緊張感，那這錢就算值得了。

我很羨慕那些公司已經開了幾十年的老闆，他們已經是習慣性進修，習慣性學習，習慣性的找到方法緩解自己的焦慮。還有些是請顧問，如私人家教般，在自己身旁說著：「你很棒的，你很好了，我這裡只有一點建議你聽聽……」

教室裡，每個學生都有自己的目的，我深知老闆族群們，他們上課的目的不是真的喜歡文案，也不是想成為什麼專業的文案師，他們只是把文案當成一個工具。

就算學不會，起碼抓著老師把自己遇到的問題問一問也好。

老闆的進修，已經不是為了得到什麼學習的樂趣。

我們才沒有樂趣，我們只希望解決問題。

只希望抓住，一塊枯木，在創業的孤海上，浮浮沉沉。

4 印象中的老闆

你印象中的老闆，是怎樣的形象呢？

在我創業之前，我對老闆的印象，也是來自於各種報導、戲劇、電影跟「別人口中的老闆」等形象。

像是那種整天打高爾夫球、到處出國不知道做什麼、都在酒店談生意、包小三買跑車、要嘛脾氣很暴躁要嘛就是面無表情、穿著西裝胖胖的老老的……等。

有時候還會加上一些更負面的社會新聞，如做黑心商品啊、酒駕靠關係逃脫啊、家暴外遇出軌啊、掏空公司潛逃出境啊……等。

老闆是一個，你還沒見過他，就已經知道他是怎樣的人的職位。

但實際上我進入職場，所遇到的老闆們，全都跟這些一點關係也沒有。

我的第一個老闆，開一間小廣告行銷公司，雖然我們相處時間不長，但是我印象最深刻的一件事，是他開著車，載著員工一起去拜訪客戶。

當時因為我最菜，所以坐老闆旁邊，一路上老闆話不多，問了我幾個問題後，就跟後座的前輩聊起公事。

到了客戶那邊，是一間餐廳，我們感受完餐點後，老闆跟客戶就到一旁談事情，而我們在店內拍照、做些記錄。

我偷偷觀察著老闆，很輕鬆自在地談著生意，也認真。

家人問起我公司的事，問公司幾個人，我回答大概十來個吧。爹當時悠悠地說了一句：「老闆不簡單呢，這樣一個月也三、四十萬吧。」

當時我對這數字沒什麼概念，只是「喔」了一聲。

離職後，聽聞前同事說公司資金困難，發不太出薪水。

再來是相處最久的老闆兼主管，是我任職於春水堂行銷的時期。

加入一間充滿故事與茶香的老牌茶飲店，當時是很期待的，面試我的人即是我後來的主管，也是家族企業的一員，某程度上也是一種老闆了。

「其實你是我帶的第一個人呢，哈哈哈。」我們後來說起這件事，她爽朗地笑。與她相處是非常舒適愉快的，但回想起來我大概是個讓她頭痛的員工吧。

一堆鬼怪的點子，在不懂公司流程的情況下，就貿然做了一個全台性的兌換活動，搞得各店紛紛打電話來問到底該怎麼跟客人解釋。

愛唱反調，總是喜歡反問一些奇怪的問題——「為什麼這個不能做？明明就很有趣。」「為什麼我們不辦個快閃試喝，記錄起來一定很好玩，預算？不會很多啊。」

當時我真的很愛跟她吵架，說吵是吵，但我心中是很喜歡她的，覺得她一定會懂我的用心，覺得她一定會瞭解我為什麼要這樣做。

而她本身的專業是人資管理，因此也是我首次接觸到的「員工面談」，我總是期待這時刻，覺得可以跟她反映好多東西。

公司有些問題不一定需要解決，光是說出來就是一種解決。

她總是很忙碌，到處開會與接洽事項，我總是生氣每次要找她都找不到人，也生氣為什麼上次說過的事，她後來就忘記了。

我們都知道她很認真，卻也忍不住有點想討厭她。

因為說預算不過的是她。

因為給予任務與要求的是她。

因為說問題她會處理，但最後還是沒有解決的也是她。

我感受到的，只有保證後的失約。

多年後我創業，回想起這段時時，我才能開始感受，她當時有多少無奈。而她已經做到她所能做的最好了。

再後來的幾份工作裡，我所遇見的老闆，都跟那些印象中的不一樣，很不一樣。

或許是我幸運。我沒遇過會拍桌大罵的老闆，也沒遇過會強迫員工加班、施加無形壓力的老闆，更沒遇過那種跟小三秘書在辦公室調情的老闆。

戲劇上的老闆，我都沒遇過。

我遇過的壞老闆是自己工作到十點，要員工六點就下班陪家人，最後把身體搞壞的老闆。

是把辦公室零食塞滿，說要讓員工幸福肥，害員工身材一直失控的壞老闆。

是保護員工不受客人欺負，在奧客嗆聲時，會第一時間跳出來罵客人，害公司損失一個客人的壞老闆。

是寧願解開定存、抵押房子，也要發出員工的年終，讓員工好過年，愛面子的壞老闆。

他們沒有站在公司的角度，沒有以股東利益最大化，沒有以「開公司就是要賺錢」為宗旨，不顧商業道理，不會經營事業，不懂世界存活困難。

是非常不稱職的老闆。

他們有許多壞習慣。

「話多了一些。」總有操不完的心，很多事想交代。

「優柔寡斷，一件事想很久。」很多事情太複雜，一時難以做決定，大家都有道理，但每一步對公司都很重要。

「很常不在辦公室。」到處找資金、找業務、找機會，老闆不出去闖，哪有機會進來呢？

「開會時間很久。」沒掌握開會的技術，只想一股腦兒拉著大家一起解決事情。

「說話很快，做事很急。」時間是最珍貴的資源，機會都是轉瞬之間。

我認識的老闆中，每一個雖然稱不上家庭美滿，但起碼都是協力扶持，共同努力。

二〇一七年台灣的上市櫃公司有一千六百間左右，而登記在案的公司超過七十萬家。我們用著不到一%的形象，去決定了超過九九%的個性，這件事看起來很莫名其妙。

人們遇到壞老闆，會拿出來抱怨，當談論話題，公開訴說自己受到的苦。

但遇到好老闆呢？有多少人會願意分享自己遇到的好老闆？或在茶餘飯後跟別人曬老闆對自己做的窩心事？

如同你看見新聞上一堆偷吃、劈腿、出軌的感情糾紛，然後轉頭去罵坐在你身邊的情人說：「哎唷你們都這樣啦。」

卻忘了我們都不一樣。

一百個老闆，有一百個形象。

但是沒有一個老闆，開公司是希望把公司做倒的；

沒有一個老闆，是希望面試一個人進來，然後存心要折磨他的；

沒有一個老闆，會希望你們在公司工作最好不開心，看到你們開心他就不爽的；沒有一個老闆，會想討人厭。

我們都有許多無奈，因為市場有許多殘酷。

創業前最後一份工作，要離職時，老闆跟我約在便利商店喝了杯咖啡。

「你之後要準備做什麼呢？」

「我想開一間文案公司。」

「喔？真的嗎，那以後公司的文案乾脆包給你們好了。」

我感謝他的祝福，也謝謝遇過的這些老闆。

你們真的很壞。

害我要當一個好老闆的標準，變得好高好高。

5 正常的老闆

職場生活，在各時代都是熱門話題。

在各大網路討論區裡，常看到各種抱怨，有直接說自己薪水好低，生活看不到未來、有覺得這份工作很累壓力很大但薪水還可以不知道該怎麼辦、有覺得主管老闆難相處，但同事人很好讓他很掙扎……等各種職場問題。

而有一類幾乎是月經文的問題，永遠都是熱門話題，偶爾還會上到新聞版面——即是關於不合理的公司制度與老闆。

這類問題，通常都會詳盡描述了許多看起來非常不合理的公司要求，然後問大家的公司也會這樣嗎？

看過的有：「辦公室上班，除用餐時間外全都不能吃東西。」

「九點上班，但需提前在位置上就定位，因此八點五十未到就算遲到。」

「下班打卡後要繼續回到位置工作。」

「主管群組發訊息，大家都一定要回，三次沒回就要扣錢。」

諸如此類，有些可能是違反勞基法，有些則是違反認知，雖然每個人的認知不同。

這時候就會看到一種留言：「我只是想要個正常的公司／老闆，有這麼困難嗎？」

底下留言也會開玩笑的說「真的很難、台灣沒正常老闆」之類云云。

於是我開始好奇，什麼是正常的老闆？

剛創業不久，也認識一些老闆朋友，互加了臉書好友，看他們分享公司發展狀況、員工管理狀況跟家庭生活，覺得很新鮮有趣。

「原來這些老闆們，也都蠻正常的嘛。」我心想。

生活上，他們假日會帶家人小孩一起出遊；偶爾會與朋友一起出去潛水、騎腳踏車做些運動；晚上也跟三五好友小酌聊天；也會在特殊節日跟家人一起慶祝，發些關於孩子成長與家庭的感性文。

工作上則是會寫些對於商業發展趨勢的見解，抱怨政府政策的修改，然後分析競爭對手的手段與策略；偶爾產品大賣時，也開心的發慶祝分享文，再偶爾，會發些自己對於公司人事的感想。

是啊，也是工作與生活嘛，雖然大家的工作內容不同，但心情還是挺一致的。都挺正常的。

那什麼是不正常呢？

早上六點進辦公室，晚上八點才走，不正常。

一天要跟八個部門開會，要橫跨這麼多不同領域的決策，不正常。

假日休假不敢關手機、晚上睡覺不敢關鈴聲，不正常。

當我看見過年期間，一些老闆們都還在辦公室裡，思考著明年度公司發展規劃、升遷計劃、進修課程、財務分配、設備折舊、人事異動……一樣早上進辦公室，中午因為附近自助餐店都休息了，只能吃便利商店。晚上說難得過年，要回家吃飯，於是早一點，七點回家，過年吃飯。

我就覺得這太不正常了。

以前我們連自己生活都要顧不好了，怎會妄想自己能夠背負一群人的生活與期待？

上班時連賺個五萬十萬，都覺得很困難了，怎會覺得自己有辦法付出每月幾十萬幾百萬幾千萬的薪水？

要上手一份工作就很困難了，怎會覺得自己能夠看懂那麼多不同部門複雜的專業，然後還要馬上做決定？

生活有很多種型態，老闆也只是一種生活型態，但這幾年的生活，讓我覺得自己也變得不太正常。

大概有連續三年的過年，我都是初一陪太太回娘家，初二就趕回來，初三進辦公室持續趕稿、做簡報。

有時候早上六點出門坐高鐵到台北講課，一整天，晚上六點回辦公室後，開始處理信件跟夥伴詢問，到八點回家，吃太太煮的飯，微波。

我記得我對家人說過最不正常的一句話是：「要找我要提前預約啊。」

然後現在他們習以為常。

我有些懷念正常的生活，那個可以下班後理直地關掉手機、假日可以不顧一切安排遠方旅行、特休一請就是無敵的正常生活。

有時候跟太太回想起過去還沒創業時，我們兩人常在星期五的晚上，才開始準備隔天要去哪邊玩的資訊。有時候甚至是星期六一大早，起床後看到今天太陽正好，該出遊美好。還有在某個星期天特地起個大早，想健康地爬個山，結果體力不支，到山腰就折返，然後睡了整個下午的過往。

很正常的生活。

有句俗話這麼說：「大多數老闆都當過員工，但大多數員工都沒當過老闆。」所以在員工的眼中，看老闆的生活，果然就是不太正常吧。

我想，當初會創業的人，本就不太正常吧。

一個老闆說，他上班時年薪大概是一百五十萬左右，現在開公司，每月發給自己四萬。

另一個老闆說，他上班每月薪水是八萬，現在創業剛開始，沒發薪水給自己，錢都先投進公司了。而他的剛開始，已經超過一年了。

還有另一個老闆的太太跟我抱怨，過去老公在上班時，每年都可以出國兩次以上，現在創業後，出國沒有，出差倒是一大堆。

這樣的選擇，任何一個正常人都不會選，太傻了。

當我們看見自己老闆的不正常，總會匪夷所思，覺得他的腦袋為什麼會是這種邏輯呢，但一個月幾萬塊帳單跟幾百萬帳單，是一樣的邏輯嗎？

有時候我們會羨慕，那些別人的老闆，看起來都蠻正常的，好像別人的戀情看起來都沒什麼問題一樣，卻忘了我們都在過自己的生活，以自己的能力過活，我們所能遇見的，就是我們當下最好的選擇了。

如同有些人正常的讀書，就可以考高分；有些人正常的思考，就可以解開微積分。一切不正常，都是我們生活的正常。我們會覺得不正常，只是因為羨慕別人的生活罷了。

創業前我認為要養活自己就很不容易了，而我現在卻負責了十幾人的生活。更多老闆負責了幾百人的家庭與生活所需。

我們都在正常過日子，都在過好自己的日子，只是創業後當老闆的日子，對比過去上班的正常生活來說，我覺得真的太不正常了。

要不然，我也想當個正常的老闆。

但這市場太不正常，商場太不正常，一間公司沒做什麼錯事，卻被市場淘汰了。

為了大家的正常生活，總要有人，不正常的過活。

小故事——漸變為鋼鐵之人

朋友當老闆後，去見了他以前的朋友，也開公司當老闆。他跟我說了一個故事。

這位朋友以前跟我是做資訊服務業的同事，當時我們辦公室很歡樂，大家一起工作一起玩，把辦公室打造的像網咖一樣，很常在下班時間一起內網連線對戰遊戲，歡樂無比。

這朋友如大男孩一樣，純真浪盪、瀟灑不羈，人也帥氣，外面感情風流債不少，好幾次都是我替他掩蓋的，年輕啊，總是如此精彩。當時我們一起工作，成果也好，獎金不少，感情雖來去，倒也是多夜精彩風光。

後來他先離職，去了其他公司，我留下來繼續打拼。幾年後，知道他創業了，而我也離開了原本公司到其他公司去。

再兩年，他說他們公司業務成長得很快，需要有位業務主管，問我願不願意過去幫他。當時我對業務挑戰也很有興趣，於是就過去他們公司，說好從業務開始做，先學習，半年後業績第一名，順理成章當上業務主管。

「我去那間公司看到他時，覺得他整個人不太一樣，長相一樣是他，眉眼間成熟了點，但是氣息不同，整個人冰冷嚴峻、一絲不苟，好像一台機器般，雖不到苛刻，但給我的感覺……就是那種嚴格的老闆。」

員工很怕他，每次要跟老闆報告前，一定準備齊全，深怕哪一個數字講錯，被老闆發現，雖不是破口大罵，但那股懾人的眼神與壓力，比被罵還可怕，好像下一秒就把你的心吃掉一般。

那種怕是打從心裡的，不是說要叫你馬上離職那種，雖都知道勞基法不能隨便裁撤員工，但有時候留下來比走還可怕。

彷彿你面對一座神山，你說什麼謊都會被識破，那一瞬間，但凡有點良心，你都無地自容。

他就是這樣的一位老闆。

公司業務是做網路服務設計相關，員工四十個人，整座公司流程明確，步驟一致，有如精密的工廠一般運行著，每一個環節都有明確的標準與要求，你只能符合，沒有理由。

一般設計製作的同業裡，對於產出的要求都十分模糊。如靈感沒來，擠半天也出不來，這是許多人都會用的理由，是事實，但也不該。

而在這間公司，這只是問題，該被解決。因此老闆有著很清楚的刻度，彈性不多，每個人只能把自己綁上線，用盡苦力攀住那刻度上的凹痕，找到方法解決問題。

公司環境很好，有大型遊樂器、桌球間與休息室，空間寬敞、溫和、裝潢活潑自在，同事間也都善良好相處，一切安好，唯老闆辦公室裡溫度冰冷，進去前都必須先穿好暖被、做好熱身準備。

這裡，養活了四十人的家庭。

我後來離職，去了其他領域持續學習發展，這間公司穩定到我走不走都沒有影響，他們一定能找到另外一個人，照著步驟與流程，帶起整個部門。

下班後，有些同事會留下來打電動、打桌球，公司偶爾也會舉辦運動競賽，老闆也會參加。

當他跟員工一起在桌球場上廝殺，臉上的冰霜融化了，機甲般的肢體添上了血肉，胸口裂開了一道縫。

我看見那個大男孩從裡頭走了出來，笑著，如當年純真的嘴角。

PART／2 與人之事

1／面試

剛創業時，我是在一個商務空間承租辦公室，大約兩、三坪左右，放進我的辦公桌加一張可躺的沙發椅，溫馨剛好。

房間燈光有些昏暗，我一人就在那環境下，寫下一篇篇文章，每一次發出都覺得是希望。

後來出書，業務也漸繁忙，一人處理不過來時，也到了好像要找人來幫忙的時候了，於是跟另一位朋友合租了一間更大的辦公室，準備要找新夥伴。

對於找人，我非常、非常的期待，我想起自己那每天獨自打字的時光裡，多想有個人能給我些意見，能幫我看下稿子，還能幫我抓出令人尷尬的錯字，討論這篇文怎樣可以更好之類的樂趣。

同好，我渴望著。

在臉書上發出徵人文後，幸運地收到了許多履歷，歡欣鼓舞，彷彿這一切充滿著未來與機會，有好多人想要加入這光明的未來一般。

「我很喜歡貴公司的文化，希望能夠加入貴公司學習。」

「我覺得成就感是最重要的事，很希望能進入貴公司好好發揮。」

「我覺得自己是個負責任、細心與認真的人，相信能幫助公司成長。」

「我會盡自己最大的努力來學習，幫助公司創造價值。」

初次聽見有人對我這些話，我真的好感動，當下就希望他們全都隔天就來，我們一起努力吧。

可惜名額有限，因此最後挑了三位備選，並寄出了一模一樣的二次文字面試的信件。

一封婉拒信，說找到其他間了，一封無回音，剩下一封認真地回答了每個問題。

就是他了。

急忙地寫下感謝回覆並錄取的訊息，並詢問了最快上班日，寄出後，每隔十分鐘就刷一下重整。

這樣太急會不會嚇到人家？他收到信了嗎？我的措辭有很唐突嗎？他怎麼還沒回呢？是不是跑去其他間面試了？還是其實他這麼優秀，有許多公司也寄給他一樣的內容呢？

一整天心神不寧，深怕錯過了他。

好在過了幾小時，收到了回信，從語氣中感受對方的開心與欣喜，相信這份工作也真的是他所喜愛的。

整個過程，心情起起落落，難以抉擇、客套相談、深究緣由、失落期待到欣喜收穫，大概兩個禮拜時間，終於找到了第一位夥伴。

幸福的是，至今也還在一起工作。

也因為第一次尋找夥伴的經驗還算順利，因此對於後來的徵人都抱持著莫大的信心。

事實上，真的只是新手運而已。

後來的面試，有幾次極為失敗。

有花了一個月面試，最後決選出的對象，最後選了其他公司，讓我難過了許久，好像追了很久的對象，決定跟其他人在一起。

有約定面試時間卻沒有出現的，打電話後說自己不想來了。

有遲到許久被取消面試，說自己已經到公司了，為什麼不給他面試，而後投訴的。

也有投了許多履歷說希望有面試機會，最後回覆要約面試的時間後，卻不再有回應的。

每一次失敗，我都回過頭看著我的徵人文，到底是哪裡寫不好，哪裡讓人誤會了。再檢討一下面試流程、面試提問，是不是不夠清楚，是不是沒有問到什麼核心問題？

我問過許多老闆關於面試時他們會問的問題，不外乎就是上份工作為什麼離職、興趣是什麼、專長是什麼、為什麼選我們公司以及專業上的考試題目。

也有比較特別的情境題，考驗危機處理與臨場反應等。

「你的狀況還好啦，習慣就好。」老闆們安慰我，他們創業多年，見過的面試者比我多上更多倍，似乎已經習慣了。

我則懷疑這件事我永遠不會習慣。

對我而言，追求每一個新夥伴，就好像開啟一段新關係，追求總是緊張的，告白失敗總是難過的。

我也常聽到許多面試者，離職原因是當初面試的工作與後來的工作不符合。如面試時說是行銷，但實際上是業務；面試時是設計師，但實際上是櫃台人員順便做設計；面試時是工程師，但實際上是網管＋Office小幫手＋粉絲團管理員＋水電維修等。

像這樣的事，時有所聞。

「跟面試的時候講的不一樣？我跟你說，員工面試時跟到職後才根本是兩個樣。」

面試時都說自己會負責認真，到職後擺爛甩責任的一堆。

面試時說自己願意學習認真上進，到職後公司出錢安排個進修計劃還要推三阻四。

我們也很怕面試時跟實際不一樣啊。

曾有面試者跟我說：「我面試的表現可能很糟，但真實的我不是這樣的，我熟悉之後一定會好好表現的。」

那真實的你，現在在哪裡呢？可以請他出來跟我聊聊嗎？

這世界很真實，每一天都是真實的。

挑履歷眼花撩亂是真的，每一個人的家庭教育都是民主，每一個成長過程都是溫馨，要從中去瞭解這個人的專業、工作能力與工作成果，真的非常困難。

面試很疲累是真的，一天中要瞭解五六位陌生人的個性、職場歷程與判斷對方是否適合這個職位，更是一種挑戰。

到最後要決定一個夥伴，付薪酬給對方，負起對方職涯的發展，然後交付適當的工作內容以回收成本，是多麼真實且艱難的考驗。

找錯一個人，不僅僅是一個職務上的損失，更是失去其他可能的優秀人選。

我們真希望真心誠意的面對彼此。

因為我們是要一起努力的，我們的目標應該是要一樣的，我們找夥伴都是希望把事情做得更好的。

不會有人希望花這麼大的心力，找一個人來，只是為了傷害彼此的。

在職場上，沒有敵人，只有夥伴。

我渴望的是與每一個同好一起歡樂努力。只有市場是我們的目標，只有困難是我們的敵人，併肩努力相知相守，共同成長與學習。

而不是如面試一般，客套地虛情假意。

看不見真實。

2 閱人無數

大家都以為自己很會看人，不知道哪來的自信。

如同許多在感情上受傷的女孩，在一開始也都認為自己的感覺很準。

我以前也認為自己很會看人，總是直覺。

有些人講話吞吐碎片，一句話要分三次來說，眼神總是在我的右後方，或是我桌前十公分的原子筆，就是沒在我身上，即使是鼻尖也好。雙手既不是拘謹的放在大腿上，也不是自在的隨著語氣擺動，總是在自己的額頭、眉尖、下巴和胸口游走，沒停下來，但也不知道目的地。

「我其實偶爾也還蠻喜歡閱讀的啦……最近有拿幾本書來翻。」

一句話裡面就有兩次自相矛盾，還有說不清的冗贅描述。道不明真正意圖，沒有堅定自信，也沒有害羞靦腆，說不上是不老實，但也算是個謊，不知為何想裝作自己上進的謊。

「我覺得自己算充滿熱情，對這工作應該還蠻有興趣的，如果有機會進入貴公司，或許能有不錯的表現。」

整段訴說充滿著不確定的語氣，不知是對於這複雜的人生，已經學會不把話說滿，好留些空間；又或是不夠瞭解自己要的是什麼，追求什麼，因此總是留些曖昧，好讓自己轉身不會那麼尷尬。

這些表達方式，是真實的他嗎？我不知道，也永遠不可能知道。我們表現出來的就是真實的自己嗎？誰能保證。

言不由衷，大家都有。明明很愛對方，話到口邊卻變成今天天氣真好。

大多數員工在十年職涯裡，看過的老闆，大概不超過十位，至多或有二、三十位；但大多數老闆開業十年裡，看過的員工少則百人，多則千人以上。

看多了，就覺得自己瞭解了，人總是這樣，覺得見多識廣。

是錯覺，看越多越對人感到疑惑。如同談過許多段戀情的人，總覺得自己看透愛情一般。

如真看透愛情，那就不需要在多段關係裡尋找愛情了。

但我問過每一個老闆，幾乎有九成以上老闆，都認為自己看人很準。

「我看那面相，就覺得他不行。」

「從他進門第一刻起，就知道這個人不適合了。」

「他一開口我就覺得糟了，面試完更證明我的猜想沒錯。」

「這履歷做成這樣，人一定不怎麼樣。」

「看這資歷，完全就不行，我看他一定有問題，不然怎麼會把自己的資歷搞成這樣。」

這些說法也曾出現在我的腦海裡，大約是在徵求第三次夥伴之後，我開始也覺得自己應該「看人很準」。從一開始的履歷就能瞭解一個人對工作的態度，再從他的經歷瞭解他的能力與職場個性。面試時從穿著與面容就有了第一印象，再從開口與回答，就可以感覺到想不想跟這人共事；最後是他離開的方式，讓我判斷他是不是在乎細節的人。

這整個流程下來，我有了自己的一套標準，像是眼神閃爍不定、說話吞吐難直言，跟坦率大方、雙眼直視無畏，兩者的印象就大不同；面試時準備齊全、公司網站與資料都閱讀過者，與只帶著自己一張履歷、從沒看過公司網站者，得到的評比也就不同；結尾時對公司充滿各種好奇，詢問了許多關鍵問題，與最後沒有任何問題者，好感度更是不同。

當然我們挑人，別人也挑我們，我只認為在雙方見面的當下，把一切功夫做足都是應該的。

這是我過去所看到的，也是我開始有自信說自己「閱人無數，看人很準」的時刻。

後來在第七、八次徵人面試時，我感受到前所未有的挫敗感。

從一位來了一星期就離開的人開始，面試時談得愉快，也看過公司環境覺得很不錯，但一週後覺得公司太安靜他不適應後，就匆匆離職了。

當時原本認為應該很適合的人，他自己卻不這麼覺得。

而後是一位來了一個多月，最後稱身體因素離開，一部分壓力、一部分覺得這份工作他無法上手不適合。還記得在他剛來滿一個月時，我還和其他人說：

「我覺得他真的是很合適的人。」

再來是面試一個月，原本決定要錄取的人，在發了三封信詢問意願後，他最後決定選另外一間公司。

以及另外一個來了兩個禮拜後，在某天下班後打給我，說自己無法幫到公司，於是當天即離開，東西收拾得好像逃難一樣。

緊接著是到職第一天，下班後回家就哭了，一個月來都過得不開心，精神緊繃，難以表達、溝通意見。當初面試時，我自認為看到他的專注與唯一，而後才知道他對我有太多的期待與想像，以致於產生落差，待了一個月還是離開了。

每一位都曾經是我認為合適的人，在閱人無數後應該不會看走眼的人，憑著我的標準與經驗所決定出的最適合公司的人。

到最後卻都以結果證明了不適合。

我可以找千百種理由，可以把原因推到他們個人身上，說這些都是個案，大部分留下來的人都很好啊。

那也或許，留下來的才是個案，因為每一個人，終究都是不一樣的。

在閱人無數後，我越來越不會看人。

是人心本就難以被看見，還是我們本就不該相信閱人即能看清人？

「我覺得自己很不會看人，雖然我寫了兩性戀愛書，但我還是認為自己很不會看人。我總是需要經過交談、相處後，才能真正覺得自己認識這個人。」一個出版業的老闆這樣跟我說。

「你不是不會看人，你是不會用偏見看人。」

每一個宣稱自己看人很準的人，或許並不是很準，而是越來越堅定自己看人的偏見，成為我們閱人無數自信裡的陷阱。

3 動機

探討動機，是最容易傷心的事。

如感情路上有段話，是這樣說的：「年輕時很愛問對方，你為什麼喜歡我？然後常常為得到的答案生悶氣，不管對方回答什麼都不對；中年後如再新交對象，就不再這麼問了，因為不管對方為什麼喜歡自己，我們都已經明白，能走在一起，就是最好的原因了。」

以前還在上班時，也當了小主管，負責面試新人後再呈交給大主管裁斷。當時自己也沒什麼技巧，於是上網惡補了一番，看看面試都問什麼問題，逛了一圈後，把常用問題抄下來，排列一下，就成了自己的面試表。

問題不外乎就是：

「你為什麼想投我們公司呢？」

「你為什麼想要這份工作？」
「你都投哪些公司呢？」
「之前的工作為什麼離職呢？」……等等之類的問題。
這類問題是基本必問的，如通識一般，但全都只想瞭解一件事——動機。
只要關乎動機，就存在著社會上想聽的標準答案，如「我一心嚮往貴公司」、「我非常喜歡這份工作內容」、「我從以前就一直觀察貴公司，認為貴公司是這領域的專業」……等。
這類答案是真的嗎？如同女孩問男孩：「如果我胖了、老了、醜了，你還會愛我嗎？」
男孩的回答是真的嗎？事情沒發生，我們都不會知道。
曾有老闆在臉書上抱怨自己的某個離職員工，老闆說自己有多看好對方，已經為對方準備了多少發展與多少未來，結果對方居然跟自己談加薪，不加就要走人，眼界狹窄令他感到難過與灰心，決定放生。
「他不知道，當他學會這些後，薪水是翻倍的漲，眼前這三千五千，根本不算什麼。」

這段話，引起許多管理者的共鳴，都認為現在有很多員工，為了眼前的幾千塊薪水，而放棄未來學習機會，是多可惜的事情。

我看到時心想：「既然未來可以有那麼高的薪水，那現在先給他三五千塊，讓他更有動力，不是很好嗎？」

一位老闆跟我分享：「你不懂，那是他們希望看到員工的動機，是不是真的很熱愛公司，很想要走入這行，而不是為了眼前的薪水努力而已。」

為什麼要這麼考驗人心？難道當年你走入某個行業，也是一開始就如此熱愛到無法自拔，不論未來發展條件與薪水如何都願意吃苦嗎？

難道你欣賞一個女孩子，就會馬上決定這輩子義無反顧，願意此生永不離棄，包容她的一切情緒暴躁與難以溝通，還要照顧她家中二老嗎？

或許真有這樣的狀況發生，但大多數情況下，我們都是在慢慢摸索與學習相處的路上，發現其中樂趣，得到些許成就感後，才一步步往下深耕，成就一番技術。

那動機，當然就可能改變。

一開始選份工作，或養家糊口或看似有趣或不明所以，在我們新鮮人時大多如此，社會迷茫，怎能看透所有職涯路呢？

我們那麼在乎別人的動機，無非是認為自己擁有的東西很珍貴，希望別人一樣的愛惜罷了。

覺得自己多年技術珍貴，不希望教給只是想要賺錢的人；覺得自己有許多寶貴的人脈資源，不希望介紹給只是想攀關係的人；覺得自己擁有業界眾多資源，不希望分享給還沒有很熱愛這行的人……諸如此類。

畢竟我們不是什麼老師，不是把無私奉獻所學知識當成工作，也沒那麼有愛。

我們會認為所擁有的資源都是自己一路走來辛苦積攢，一步一步踏實地累積，那些技術的細節、技巧的眉角，都是我們在無數經驗中好不容易發現的心法，怎能三言兩語就告訴那些動機不純的人呢。

對，動機不純。如面試者，如果說自己是覺得這間公司薪水高，招牌大，所以投遞，那八成沒什麼機會；反而讓人忽略了他的學經歷、過往成就、專業能力等。

如一個女人說，她覺得你有錢還長得帥，所以決定答應你的追求，你當下也會退卻吧。

所以我們都喜歡說：「我看見你的真心。」

事實上真心不難，有錢又帥還比較難；對工作有熱情不難，讓你有熱情的工作薪水還很高比較難。

而我們喜歡談那些內心層面的東西，好忽略現實有多殘酷。

而我們希望先考驗內心是否足夠堅定，再給予他外部的獎勵。

我們問了那麼多動機，只是想確認一下，你是不是曾經這樣想過——是不是曾經想過要努力，是不是曾經想過要愛這份工作，是不是曾經有過奮鬥的熱情。

以避免最終結果不盡理想時，我們不會直接地下了糟糕的評斷。

這世界喜歡強調「初心」跟「過程」的重要性，是因為結果通常都太殘忍，只好用「你已經努力過了」來安慰傷心的人，拿「莫忘初心」來鼓勵失敗的人再次爬起來。

如果不談動機，我們都只談結果，或許會更單純些，卻也更殘忍些。

因為，我們將沒有理由面對失敗。

談動機，是為了給彼此留一條生機，好在面對事實時，我們可以說：「咦你當初進公司時，不是說很喜歡公司嗎？後來怎麼了呢？遇到了什麼問題嗎？」

「你以前說想當設計師，所以想多學一點不是嗎？那有遇到什麼困難嗎？」

「你不是曾經說要愛我一輩子嗎？後來怎麼變了呢？」

談一些當初的動機，盼能不能找回當時的初心。

我們喜歡談動機，不是因為動機很重要，而是因為我們都無法保證未來。因此才希望即使未來沒有真正得到什麼收穫成果，那最起碼動機被滿足了，也就無怨了。

畢竟大多數老闆，創業的動機也很單純，不過就是求生存罷了。

我們的動機太單純，所以希望員工們的動機也單純一些。

因為，我們真的沒多餘的東西，可以給你了。

4 老闆來了

有時候在公司裡，都會有這種感覺：「沒有我，大家會更快樂吧。」

我從以前就是個有點鄉愿的人，很不喜歡被人討厭，即使被說是爛好人，也好過成為機歪人。

高中時個性較為冷僻一些，總喜歡窩在角落讀自己的書，但因為成績不錯，所以在高三後，也漸漸有許多同學跑來問我功課上的問題。我雖不情願自己的讀書時光被打擾，可是又擔心會不會落入「成績好了不起喔」、「跩屁啊」的口舌，還是耐著性子解答，心中滿是不情願。

上了大學，更是以合群為生活主旨，到哪都是一群人，怕自己一落單被其他人看到，就會有「看啊那個大學邊緣人」的感覺，因此各種活動我都參與，不論自己喜歡與否；也是非常好被揪之人，儘管去了之後真心覺得無聊到爆。這種行為一直到大四後，大家四散各自活動，才漸漸學會拒絕不喜歡的活動與聚會，也變成一個「沒那麼好揪」的人了。

說起來這種鄉愿的個性，稱不上缺陷，只是很常讓自己落入裡外不是人的狀態。但也因此，人緣都還算不錯，一直以來沒有樹立什麼敵人，也沒遭遇過什麼排擠霸凌。

比起被討厭，我更寧願勉強自己。

但當了老闆，好像天生自帶被討厭的光環，大家對你就是多一層距離，工作上的煩雜自然覺得是你好煩。

過去在公司上班時，大家總會一起約著出去吃飯，或圍成圈吃著一起訂的便當，也說點話也滑手機。

那時的主管自己一人坐在辦公室裡，吃著也是一起訂的便當，不知道在看什麼，雙眼看著電腦，彷彿還在工作。

記得有一次我問主管：「要不要一起吃飯？」他的臉從螢幕邊移了出來，看見我的雙眼，好像帶著點喜悅，但下一秒就消失，微笑著說：「沒關係你們吃就好，我還在忙。」

在那之後，我就沒再問過主管了。

創業後在公司內，初期人少，我們還會一起走去便利商店，又或是到一間小麵館坐一小桌。

後來為了健康，我請太太幫我帶便當來，我們倆就坐在電腦前，邊看著影片邊吃。

有一次，太太忙小孩的事，沒空帶便當來，我想著要跟大家一起吃飯，只見大家的眼神充滿緊張與疑問：「咦今天要吃什麼大餐嗎？」

飯桌上大家滑著手機，安靜無聲，無言的吃完一頓飯，帶著不一樣的氣氛。

從此，除聚餐外，我再也沒跟他們一起吃飯。

新人來，也讓前輩帶著出去吃，我囑咐著前輩讓新人吃飽，跟新人說要幫我們多開發一下這裡的美食。

我一個人，坐在電腦前面吃，彷彿還在工作。

因為擔任講師的關係，偶爾會需要在外上課一整天，早上六點的高鐵，下午六點的高鐵，回到辦公室約七點，大家都在準備下班，看見我回來，開心的說：

「老闆再見～」

下班當然是開心的，但今天似乎更開心。

有時是半天課，早上出發，下午兩、三點即回來，進到辦公室裡，覺得回來真好，在外再怎樣受禮遇，還是自己的辦公室小家好。

但踏入辦公室時，上一秒是什麼氣氛不知道，但像是經過一點切換，成了工作的氣氛。

改變的關鍵，是自己的出現。

我把這裡當家，但對大家來說，這裡永遠不可能是家，家是沒有老闆的地方。

有時候出差一整天，覺得沒有我在時大家好像更快樂，忍不住思考：「我存在的意義是什麼？」

管理學的書都說，老闆要能解決問題，幫助下屬排除工作上的困難，好讓他們能專心工作，創造價值。

但是在許多人眼裡，老闆就是問題來源啊。

我們公司以接案為主，案件交出去前都會在內部先審過一輪，確認後再交出。這一輪的最終過稿者，通常都是我。於是一些本來好像沒什麼問題的，到我這邊都有點問題了，我畢竟必須對最終交出的成果負責，因此嚴格些是難免的。

也因此，那些不好聽的話都是我在說，我成了我過去最不想擔任的角色。

我也想當好人，大家好來好去就好；我也想當說好話的同事，大家彼此誇讚做得真好就好；我也想擁有好人緣，而不是當個機歪人。

老闆這身分的責任，讓我違背了自己的個性，去迎接市場的競爭與期待。

以前我以為那些人們抱怨的老闆，是真的腦袋不清楚，做事沒方法，好大喜功又自負不尊重專業。

後來才知道，要是腦袋不清楚、做事沒方法，那公司其實一下就倒了，真正撐過第一年，都已經是有自己的一套，更不用說那些十年以上的公司，都是在市場上奮鬥後存活下來的了。

大家都喜歡好老闆，但市場可不喜歡。

老闆的責任，本身就讓人討厭。

權力者、監督者、管理者……我們覺得老闆掌握著生殺大權，因此下意識地會害怕老闆的眼光。

即使公司再怎麼自由，你偷閒看影片，看到老闆來時還是忍不住會切換視窗。即使是午休時間逛點網拍，老闆拿便當走過你背後時，還是會繃緊神經，思考該不該用拿著筷子的手按開報表，裝忙一下。

很多人很怕老闆，是天生的、自然的、應該的——老闆的存在，本身就讓人害怕。

如果老闆是問題的來源，那老闆存在的意義是什麼？我存在的意義是什麼？

沒有人希望開一間公司來折磨彼此，但事實上我們都被折磨了。

我沒有想一個人吃飯，只是我知道自己跟大家吃飯，大家會不自在。

我沒有想被大家討厭，大家都討厭工作，我也討厭，但為了讓大家有錢賺、能生活，因此我努力找工作給大家做。

常說當老闆是自找的，所以被討厭，也是自找的。

工作，都是這樣吧。

5 小圈圈

從學生時期，我就不屬於任何小圈圈。

並不是沒有朋友，與每個人交好是一種社交本能，但對於圈圈這件事，總感覺哪裡不太對。

學生時期的圈圈以三種方式劃分，一是座位二是成績三是某種神秘的氣息。

座位跟成績很好理解，就是地域性與目標一致，自然就會比較常混在一塊。

某種神秘的氣息，則是許多人說不清，但都感受得到的力量。某些同學會散發出危險氣息，即使他根本沒傷害過人；某些同學則有神聖不可攀的氣質，但可能他私底下根本就是個癱睡大漢；而某些同學中二感甚重，行為遣詞總令你難以理解，但又羨慕他們有種自得其樂的純真。

圈圈有交集跟交惡之差，一般圈圈之間無交集是正常的，大家話題不同，生活不同，彼此不勉強尬聊。

但交惡就不同了，一個圈圈看不爽另一個圈圈的人，鄙視他們的行為，看不慣他們的言語，因此嫌棄、躲避、甚而言語攻擊與行為上的不友善，即是交惡。

即使他們根本不瞭解對方。

這種交惡，會形成一個圈圈最大的凝聚力，有共同敵人比有共同話題要來得振奮人心，每天充滿目標與動力。

聚在一起討論別人的八卦，心中的激動感，比一起討論昨天看的電影，要來得刺激跟滿足。

這種圈圈習性，讓人欲罷不能，處在圈圈之中，會擁有極大的安全感。

我常在各圈圈游走，主要是好奇心居多，也是鄉愿。記得當年學到「鄉愿」這詞時，覺得這根本就是我，而當時也害怕自己是否會落得一樣下場——想討好每個人，卻搞壞自己。

對於大家討論的事，誰與誰的八卦，讓人好奇；我想知道讀好書的秘密，也想瞭解二次元的世界精彩；更想知道誰討厭誰，有沒有我的份。

與每個圈圈都認識的好處，是四處都好像吃得很開，到處都很友好。

大學畢業三年後，沒跟任何一個圈圈再有聯絡。

出社會後，大家就不常說什麼小圈圈這種話了，畢竟成熟了，對這種事看習慣了，而圈圈也劃分的更細緻了。

基本以部門區分，部門要是超過八人，可能還會出現兩個以上的圈圈。這些圈圈的分類可能是同期、同齡、同工作內容……等。

這其中，最多的就是同仇敵愾。

總會有個圈，是沒有老闆的圈。

雖然也不一定是說老闆壞話或什麼，但總覺得在有老闆的群組內，就是公事，許多閒聊的話便不好意思說，怕被老闆覺得不認真工作似的。

以前上班時，也或多或少有這樣的群組，有些是整天說公司不好的地方，有些就是閒聊與公司無關的事而已。

在這些群組內，會有安心感，當群組內抱怨另一個主管、老闆的事情時，就會覺得幸好我在群組裡，有種掌握到某內線消息的愉悅感。

而這，就很常成為上班的樂趣之一，如觀察某個主管是不是又說蠢話了、老闆又下什麼奇怪指示了、隔壁部門的誰誰誰說話真的很討人厭等。

在群組中，我們感到安全而肆無忌憚，談論著小圈圈的秘密。

因為老闆，從來不會在這些圈圈之中。

當然我們也會想像老闆們有自己的圈圈，如高階經理群啊、商務社團啊、老闆們的群組啊等等。在我們的想像中，老闆的圈圈應該都充斥著各種世界趨勢、小道財經消息跟討論公司策略發展之類的。

在我創業之後，的確也加入一些商業群組，在裡面得到一些商業資訊與討論各公司的業務等等。但與其說是小圈圈，更不如說是資訊分享站，我們在裡面只是交換資訊，並不交換心情。

圈圈的吸引力，在於裡面有你真實的心情。例如誰今天真的很噁心，說話一直靠過來，嘴巴又臭；誰今天穿得好露，又不知道要去勾哪個男人；公司女神今天好漂亮，是不是下班要去約會啊；櫃台妹妹今天送我糖吃，是不是喜歡我啊？

這些圈圈群組，即是職場生活裡的情緒出口，這些事家人不懂、高中同學不懂、隔壁公司不懂，只有在這個生活圈裡的這些人懂。

是獨一無二的情緒聚集圈。

公司一開始人少，我們就三、四個人而已，沒什麼圈不圈可言，大家說不上下班會一起出去聊天喝酒，但倒也是氣氛和樂。

人越來越多之後，當然工作內容也開始出現分歧，彼此都不太瞭解對方在做什麼，所以溝通群組開始分割，出現了以工作內容為分隔的群組。

員工不一定會加入每個工作群組，但老闆基本上都會在裡面。

這就是微妙的地方了，身為老闆，你永遠不會知道，到底是從什麼時候開始，出現了一個沒有你的群組，一個沒有你的圈圈。

你不知道那一個圈圈裡，是否談論著你今天的會議發言；也不知道你剛剛跟某個員工面談的叮嚀，是否成為圈圈裡的話題；更不知道你的苦口婆心，是否變成他們的嘲諷主題。

被排拒在外的感覺，真的很差。

有些朋友會勸我，不用想那麼多，大家來公司都是做事嘛，事情有做好就好，大家都有自己的抱怨方式與生活。

道理都懂，《被討厭的勇氣》也讀了很多遍。

但心裡就不是滋味。

如同孩子於青春期後，開始鎖房間門、在社群上把你封鎖、每天晚上出門卻不跟你說去哪裡、然後抱著手機玩著你不知道的APP，笑著、哭著你不懂的情緒。

你想說很多，最後卻只能吐出口：「要好好讀書啊。」然後孩子因此誤會你只在意功課。

其實你想說的是——

「你有什麼困難可以跟我說。」

「你心情不好可以跟我分享。」

「你猶豫不決時可以找我討論。」

「你快樂我也想聽你分享。」

「我在這，你隨時可以跟我說話。」

「你難過我會在。」

「我想當你的朋友，可以跟我分享你的世界嗎？」

別把我排拒在圈圈之外，我們應該是朋友的。

雖然我是老闆。

6 心寒

為什麼人會不珍惜別人對你的好？

這問題是每一個用心付出的人，都存在的疑惑。

父母、情人、朋友乃至於同事、主管、老闆，在人與人交際的場合裡，我們都會有付出用心與接受別人的時刻。當我們付出時，雖沒有期待對方一定要回報什麼，但還是希望對方能有所表示；但當我們接受時，卻也常常認為這是理所當然，或是推說自己又沒有要求，是對方一廂情願。

法律並沒有規定你收了人家的好，就要付出同等的好，這規定做不下去，因為「好」無法定義。

我常到企業內部教課，做企業內訓時，許多前輩都會提醒：「企業內訓大家參與意願不高，因此需要多一點引導，注意大家的反應，帶領大家的情緒，難度很高，要多加準備。」

而邀請的窗口也常提醒我：「老師，我們的同事可能比較『冷』一點，要麻煩老師多多費心了。」

過去我一直不瞭解，企業請一個老師來講課，費用不便宜，大家的時間成本也高，對企業來說其實好處並不多，重點是員工也不一定會珍惜，不是藉故逃課就是意興闌珊，但為什麼各大企業還要做這種事呢？

常聽人家說公司把員工當消耗品，一個不行就換一個；可是當企業願意培訓員工的時候，大家卻又是興致缺缺的樣子。

我們都不喜歡花錢找罪受，但公司似乎很喜歡。

早期我們公司人不多，如果有學習需求，都是送夥伴們出去上課，一堂課從一、兩千到四、五千都有；加上外出的時間成本，整體來說一個人出去上一次課，公司就要花超過五千塊。後來人稍多一些約五、六人時，就開始找外部專家來與我們分享，請老師來上課從八千到一、兩萬都有，但平均分攤下來，比外出划算多了，時間與勞累這些隱形成本也都省了下來。

第一次舉辦時，自己充滿期待與欣慰，覺得公司終於也可以幫大家來點「教育訓練」了，雖然我們是小公司，但也能展現出我們對夥伴的用心與期許。

一開始大家也很開心，覺得很有趣且收穫很多。

但舉辦多次之後，也開始覺得：「又要上課啊。」、「工作做不完了還要空兩小時上課。」、「這課好像跟我沒什麼關係吧。」

過去說想學習的心，現在卻只剩下把工作做完的心。常說學無止盡，其實有的——就是打卡上班那刻。

我們都知道，對別人好，不能去期待回報。如果有所期待，那種「好」就是個交易，就是有目的性，不單純的「好」，就是自以為是。

道理雖懂，但我們心裡卻總有這樣的期待，付出了什麼，就期待大家能夠理解。

認識一個老闆，是海派的人，公司常請喝下午茶、聚餐等，常有人羨慕說是幸福企業，老闆很用心照顧員工。

公司不大，不過一、二十人，請下午茶時人人有份，一請下來大概就是一千上下，吃飯則三、四千低消，說多不多，但也不是小數目。
只是，老闆有多常請客，員工就有多常抱怨。
「今天飲料好難喝喔。」
「為什麼選這家餐廳啊，好窮酸的感覺。」
「聚餐好麻煩，還要出去吃，幹嘛不叫個炸雞回來吃吃就好。」
「咦今天沒有嗎？真的是越來越小氣了。」
這些話語不是在一人身上，而是偶有出現的聲音，牢騷不致命，卻讓人心寒。
如同你以為每個月幫大家安排教育訓練，是幫助大家能力提升，是給大家學習機會，為大家好。但可能有些人只覺得麻煩、累又寧願早點回位置做事。
所有自以為是的好，在你當老闆之後，都要學會收斂。像是走過單戀的青春，為自己的無知熱血感到心寒。
不知道從什麼時候開始，期待成了一種不可以有的念頭，好像性慾、輕生、好像做自己一般。當我們期待著什麼，就會有人跳出來潑冷水說：「醒醒吧，別人才不需要符合你的期待。」

如果妳期待男朋友會記得你們的交往紀念日，結果當天什麼都沒有，妳一質問他，他會說：「妳可以直接說啊，不講我怎知道，又不會通靈。」

這時就有人會跟妳說溝通很重要。

如果你期待子女會回應你的付出，看見你為了養育家庭所放棄的自我，古板的將好東西留給家庭，自己獨自在外承受風雨辛勞，回到家還留一抹微笑給孩子。你認為這樣叫犧牲付出，不求什麼回報，但求他們一句感謝或知恩。

「別忘了，沒有人要求你生下他們，不該把自己的期待放到子女身上，那不過是自私的自我實現罷了。」——社會如是說道，指正你錯誤的養兒育女觀念。

只要你心中有期待，說出口與不說出口，你都難以拿捏，因為你把希望放在別人身上，這是由別人去決定的事。

開公司做事業，就是這樣的一份期待。

請了員工，給他薪水，不就是期待他把這份事做好。可惜我們對於好的標準永遠無法在同一條線上，即使立了再多的ＫＰＩ，也期待他不是看數字做事，而是打從心裡願意。

我們對別人好，就期待對方能夠理解，這個出發點本身可能就有點錯了。

但我們卻很難學會收拾這心情，畢竟那些付出都是心血。

許多人一股熱血的創業了，卻常因市場寒了心；總是希望為夥伴暖心一下，卻不小心在某個角落聽到心寒的回應。

「第一次看到他們自己開一個群組時，我愣了一下，差點想用一個分身混進去，看看他們到底說什麼。後來還是忍住了，這種感覺有點像父母想偷看孩子的日記，最後我選擇尊重他們的情緒與發洩空間。而且選擇不看，才不會讓自己心寒。」

我們還沒有冰冷到可以不理會別人的言論，達到純然只做自己的程度，卻必須要先學會，為自己的心寒負責。

因為從來沒有人叫你要如此熱臉。

或許這就是，權力冰冷的原因。

7 離職

我一直認為自己很擅長離職。

這種自信來自過去當員工時期，幾乎都是我主動提離職的狀況，有點類似兩人談戀愛，都是由我主動提分手一樣，因此覺得自己很會做這件事。

當然，這只是沒來由的自信而已，離職這事不難，大多是勇氣而已。勇於承擔說出後的結果，並接受離開後的未知生活。

在離職的領域中，有流行一句話叫：「不做最大。」

意思是當你準備要離開了，突然你就有勇氣嗆老闆了，有膽量拒絕那個總愛把事情推給你做的同事，對奧客的耐心也下降了。

倒也不是擺爛，而是一種，反正我不必再在乎「我態度不好會不會以後被找麻煩」的心態。

這種心態，也可能是許多人不小心當了職場爛好人的原因，所謂軟土深掘，當你不習慣拒絕，那麻煩事最後都會落到你身上。

因此，提了離職那刻，不論是一個月交接還是三個月交接，在心態上就開始有了重大改變。

我第一次在工作上提離職時，主要有兩種體悟。

一部分是變得多話、變得自在、變得爽朗了一些，彷彿那些原本籠罩在身上的陰霾都散去，雨過天晴，妖魔退散。

你再也不會擔心隔壁部門的誰會不會看你不爽，因為你要走了。

你也不會再覺得主管是給你一些爛坑是要害你，反正你都要走了。

更不會去在乎老闆說的願景是否正確或實現，之後也看不到了。

這一切好像都跟你沒什麼關係，像是畢業後的母校，在那裡的糟糕事都過去了，美好的記得，糟糕的滾開。

二是變得有些不自在，因為在這條船上，大家都知道你是即將下船的人，生活圈即將不同，因此也不太需要跟你再建立什麼友善長期的關係。

職場上有些人，就是共事友好關係，並不是朋友。我們對彼此的招呼，都是希望共事更順利而已。那些關心你最近男女朋友還好嗎，上次感冒好一些了嗎的問候，在離開公司後都會忘得乾淨。

因此當大家在討論今年員工旅遊的地點好爛、今年年終不知道多少、聽說隔壁部門的誰誰誰要升職了、老闆今天開會說明年要做的那件事，不知道是不是真的、我們部門好像會再擴大招不少人……等等關於這個地方的未來，都與你無關。

好像已經不愛的前男友，說著他以後想當律師、當工程師、創業改變世界等，妳都只是漠然無言。

心裡只想著，我找的下一間公司，一定要比這裡更好——雖然我們也不知道什麼是好。

每次離職都會有一種「我已經往前，你們還在原地」的感覺。

但一份工作換過一份工作，印證的只有那句話：「每間公司都有自己的問題，公司沒有好壞，只有適不適合。」

這句話，後來也被我拿來安慰每一位跟我提離職的員工：「沒有好壞，只有適不適合。」

第一次有員工跟我提離職時，我心裡想到的是：「原來是這種感覺啊。」

那是一個心生病的女孩，因著心中的焦慮感與壓力，會將自己逼到情緒線外，一瞬間就可能崩落。面對工作上的挑戰，難以調適與面對，已經到了必須吃藥休養的階段了。

「我很喜歡這裡，你也對我們很好，所以真的覺得很對不起。」她哭著說，我拿了張衛生紙給她。

要是旁人看到這畫面，肯定會誤會的。

離開後，我們保持著簡單的聯絡，看著她的IG與生活，知道她休養的不錯，笑容也快樂了，那就好了。

後來第二個、第三個，人總來來去去。

有人離職想去做料理，我祝福他，送了把好刀給他。

有人離職想去做自己的粉絲團，我祝福他，送了台電腦給他。

有人離職要去國外讀書，我祝福他，送了即可拍底片機給他。

每個人都有自己的道路要追尋，我都祝福他們，也都相信他們。此時，我也終於懂了那種「你們都往前，只有我留在原地」的感受。

但這件事，我始終無法習慣。面對離別，我們永遠不能習慣。

大多數老闆，都會覺得自己的公司很好很棒，也會認為自家是快速發展的公司，因此就會出現一種自欺的說法，叫作「跟不上的，只好把你拋下」，用於警告那些表現不好的員工，可能會因為成長太慢，而被公司解職。

或許真有這樣的可能性吧，有些人工作好幾年，並沒有什麼進步，只是重複做著自己熟悉的事。但其實更多公司，也是經營了十幾年，沒什麼進步，只是在這市場的圈子打轉而已。

老闆自己其實知道這件事，只是不敢去面對。

市場有如巨大的倉鼠輪，我們都在上面奔跑，跑太慢的，就被市場拋下，而即使滿頭大汗的狂奔了，也只是在原地。

離開公司的員工，他們帶著經驗與能力，沒有負擔的跑到其他公司，他們就是往前跑了……而我們還困在這間公司。

大家都急著跳離這條船，是這條船開得太快，還是這船哪裡破洞了，而我們沒發現呢？

在面試時，大家都會說：「我會以公司的目標為主，盡自己所能學習，以達成公司目標。」

也會說：「貴公司就是我理想的目標，如果能進貴公司，我會盡最大的努力，跟公司一起成長。」

有時候，我們都知道這是客套話。

但還是忍不住會想相信，如同熱戀期的「我愛你」、「一輩子不會離開你」、「你是我的唯一」。

或許，我們當下都真的是這樣想的。

曾經這樣想的。

那什麼時候，變了呢？

8 總有人撐不下去

我對世界金融一直不太瞭解，雖然讀過幾本書，如《貨幣戰爭》；也知道幾個大家族，如羅斯柴爾德家族；也懂幾個名詞，如總體經濟、期貨、權證……等。但終究是在看故事的階段，沒有成為知識體系，面對這世界的變動只能說是一知半解，好像看得懂又看不太懂。

幸好拜社群與熱心人士的出現，每當出現了世界性的金融風暴時，就會有人提供「懶人包」快速地整理資訊，透過簡單的方式讓你瞭解個七七八八，也能夠當作跟別人聊天時，茶餘飯後賣弄一下的話題。

在看股市的上上下下，我也始終不太瞭解，我們都知道漲了大家都會賺錢，跌了大家都會賠錢，因此一定沒有人希望跌吧？而企業讓公司上市，基本上也都是為了獲得更多資金，然後可以做更多事情，賺更多錢對吧？

商學院第一堂課就會說：企業存在的目的，在於最大化「股東得到的價值」。所以照理說，我們目標這麼清楚一致，那股市應該會一直漲漲漲，就算不是每天飛漲，起碼都可以緩慢增長吧？

原以為這應該如同年資與薪水一般，你只要好好做，沒犯什麼太大的錯，終究會慢慢升上去的。

這是我們都希望的，也是理想世界的美好。

那為什麼會發生崩塌式的跌落呢？為什麼會有金融風暴呢？寫這本書時，剛好在二〇一八年十月十一日，台股直接崩跌六百四十八點，跌破萬點大關，整個市場一片哀嚎。

許多市場分析師就開始跳出來分析，各種國際因素、政府因素、社會因素等，各說都有理，但這些道理，事前全都看不到。

在同年九月，我得知一個我曾經去講過課的公司，惡性倒閉了，欠了廠商許多錢。

這種消息在社會新聞常見到，但離我如此近，還是第一次。我初在新聞中看到名字時，還懷疑是不是我記錯，只是很像的名字而已吧？於是特地去翻查了當初的講義，確認公司名字沒錯，接著要去找那位老闆的臉書，想關心他一下。

結果發現老闆的臉書消失了，也就是俗稱的跑路了。

搜尋該公司的臉書粉絲團，發現已經湧進大量的消費者抱怨，甚至開始組起自救會，已經報名活動卻突然取消不辦，報名費也無從討起。其中也有合作廠商被欠較大筆的款項，從數十萬到數百萬都有，皆追討無門。

當初去他們公司時，老闆人很客氣，員工也很認真上課，中午休息一起吃飯時，老闆曾分享他的未來藍圖，希望能在這領域成為一個指標，覺得目前都快上軌道了，雖然很辛苦，但還算順利，活動口碑都不錯。

雙眼雖疲憊，但對未來還是有著希望，手腳俐落也友善，且雖然要求嚴格，但也願意培訓員工成長。當然我不知道他們平時相處過程，但以談話間的感受，就算稱不上什麼好老闆，應也壞不到哪去。

這樣的人，最後還是被市場壓垮而逃，逃離所有人，成為了罪惡的代表。

市場從來不問你是誰，只會壓垮一切撐不下去的人。

即使我們都努力追求成長，努力學習，努力進步，我們不斷努力不斷戰鬥不斷奔跑，大家都想要把事做好，大家都想要一切往好的方向走，我們偶有懈怠但總體而言還算是拼命吧。

沒有人選擇一份工作，是打定主意要擺爛的；沒有人開一間公司，是下定決心要倒閉的。大多數情況，我們都希望做到自己的最好，希望有好的表現，希望有好的獲利。

只可惜，總有人會撐不下去。

如同每個投機泡沫一樣，一手換過一手，總要找到下一手，這遊戲才玩得下去。一個人要賺錢，就要有人花錢，一間公司賺很多錢，就需要有很多間公司付錢給他，而要付錢給別人，就需要從別人那邊賺錢。

總有人，會成為那最後一個脫不了手，撐不下去，最後垮掉的那個人。

大家雖然都希望股價上揚，每天都是紅漲漲，但在那一切的背後，是許多公司的許多人在努力著，每天為了維持成長而死撐，與市場競爭搶奪資源，雖然金融世界遠比我們想像的複雜許多，卻還是無法掩蓋資源有限的事實。

每一個成長的背後，都有人苦撐著；每一個收割的背後，都有人將汗血種入其中；當有人天真歡笑，就有人殘忍悲苦。世界不是零和，但也不會憑空冒出資源。在《哈利波特》裡，輕鬆變出滿桌豐盛餐點的背後，是家庭小精靈被奴役的結果。

我曾與一位YouTuber聊關於頻道成長的方法，談到為什麼有些人，他們看似已蠻有人氣，都十幾、二十萬訂閱了，卻卡在那邊，無法再成長了呢？照理說不是應該人傳人，有比較大的粉絲基數，持續地成長是正常應該的吧？為什麼做不到呢？

「他們不是做不到，是他們只能做到這樣，而這樣，遠遠不足以超過市場的要求。」那位YouTuber語重心長地說。

企業持續成長，不是正常的嗎？工作越久薪水就該給越多，不是正常的嗎？安排了計劃這麼美好，照計劃執行就會成功，不是正常的嗎？我們都努力做好自己的事，那每件事就會越來越好，不是正常的嗎？

不，一切的正常，都有人不正常的燃燒自己。

我們看到的榮景，不過是他那燦爛輝煌的燄火；我們聽到的歡呼，是他那近似癲狂的吶喊。當那餘燼隨風飛起，我們早已忘記當初是誰點燃了自己，也忘記那火不會憑空燃起，只會咒罵沒有火的夜，為何如此寒冷。

然後啐一口唾沫。

真黑心。

小故事——堆築城邦之人

一個獨資做生意的老闆，年輕時各種荒唐行逕，讓父母老師頭痛不已。他笑著說，創業反而讓他人生到了正軌了。

從一開始只是做網拍生意，到後來變成自己開品牌網站，而後還開了實體門市。公司從自己與太太兩人，到好幾十人，這一段歷程，走了幾十年。遇過的事雖多，但也都一一解決了，公司沒遇過太危機的時刻，是幸運也是能力。

「我以前是一個很大哥型的老闆，把大家都當家人，就是有福同享有難同當，大家一起大口吃肉喝酒，絕不讓兄弟家人餓到一口。」

「那現在呢？」

「現在比較是理性跟感性並重了。」

老闆說，人真的是最累最麻煩的。

雖然很早就認知到別人幫我是福氣、不幫我是正常，但即使如此，有時面臨一些時刻，還是會覺得有些錯愕與無情。

如在公司最忙碌時離職，哀求著對方多留幾天，對方卻只說自己會照法定日期留滿即離。

談到「法」，就想想過去老闆給了他許多超過「法」以上的福利條件，現在要離開了，卻跟自己談「法」，不免覺得哀傷。

又或是那費盡心思，當自己徒弟般帶領的員工，由於很看好，也認為他們有資質有能力，可以好好培養，因此一心想讓他們得到最好的學習與成長，對他們有更高要求，也嚴厲也獎勵，相對其他人而言，對他們的關注更是多了些。

結果卻是在私底下，抱怨著老闆對他們如此嚴苛，公司也對他們不好，這地方真是待不下去。

久了，老闆的心也冷靜了些，公司要生存發展，不能靠熱血生存，因此制度需要建立，規則要說清楚。

畢竟是公司，不是江湖，靠義氣大家都不知道怎麼做事。

制度建立後，資深員工覺得麻煩，覺得不被信任，覺得以前說一聲就好的，現在為什麼都要用系統申請，麻煩又受辱，於是憤恨離開。

幾年時間，公司換過一批人了，還活著，且持續成長。

有個十年前離職的員工，撥電話給老闆，跟老闆說對不起。經過這麼多年，他一直想說這句話，但開不了口，直到現在覺得自己比較成熟了，才補上這一句，補自己心中的傷。

老闆記得他，也知道當初的誤會，說沒事沒事，你現在過得好就好。

工作嘛，難免都有委屈。公司嘛，誰不為難別人呢？老闆，就是要當那個為難別人、被討厭的角色嘛，不然怎麼扛得起市場的為難呢？

有福一定要同享，有難呢？大家不一定會擔沒關係，反正老闆一定要擔的，擔不住，只好為難一下大家了。

理性，是需要學習的。

創業多年，老闆依然對人是有最多體悟、最多感情的。

「有什麼話是你一直很想跟大家說，但最後卻沒說出口的？」

「在我心底深處，從我創業第一天起，其實就沒有改變，我還是那個把大家當家人的家長，希望大家都能在這裡吃香喝辣，跟大家一起分肉喝酒，共享成果……但現在已經不說了，老闆說什麼都像在畫大餅，不說了現在不說了……」

那一瞬間，我看見老闆眼神的期待，像是渴求心中願望被發現的孩子。

執著地堆著一座城堡。

PART／3 上班日常

1／工作熱情

星期一是惡名昭彰的。

沒有人喜歡星期一，沒有人。

我過去在上班時，每到星期日下午，就會開始心情低落，俗稱夕陽收假症。

通常會議都排在星期一，週會、業績檢討、小組會、業務會等，讓原本一個星期的開端，充滿希望的開端，馬上打回現實，用冗長的會議告訴你：「這週跟上週一樣，沒變。」

創業自己開公司後，我的星期一有了點起色。在六日安靜，星期一的電話特別勤勞，案件都在星期一洽談。

由於我自己週末都在工作，已經有些失去星期幾的概念，所以一開始沒察覺這事。直到記錄行事曆時才發現，大家都會在星期一打電話、寄信詢價、或約訪談時間等。

「星期一是開心的有案件日。」我給自己改了點觀。

後來有了夥伴，我更喜歡星期一了。

經歷了一年的孤單創作日子，終於有了夥伴，我每天都很期待跟他說話，想見到他跟他分享事情，雖然他可能覺得這老闆好煩，一直打擾他工作，但也算聊得愉快（我單方面認為）。

但即使如此，還是會遇到許多傷心的星期一，那種足以摧毀一整個星期的爛事，也通常發生在星期一。

我們很常在星期一收到案件修改訊息，大多是：「我們今天跟主管開完會後，對於這文案內容有一些想法，想麻煩你們修改一下。」

這種星期一的修改，不同於其他日子的修改，通常都是大改，不知道為什麼，星期一的開會總是很喜歡推翻之前的決定。

也有上禮拜明明已經談妥的案件，在星期一時會突然通知：「抱歉關於合作的部分，老闆還需要評估一下，所以我們就暫緩囉。」

上禮拜明明說沒問題的啊……

星期一更像是一種回顧大會，已經結案多月的案件，會突然跳出來說：「那個……之前的案件我們現在有新的想法，可以麻煩你們修改一下嗎？」

好像星期一是個適合提出不合理要求的日子，還是大家星期一的怨氣太高，所以都急著想丟給別人？

但大抵來說，對我而言星期一還是美好的。

我曾跟夥伴們講這件事，我說：「我很喜歡星期一，因為能看到你們，覺得很開心，六日我都孤單一人在辦公室做自己的事，但星期一能看到你們就很開心。」

記得我說的時候，夥伴們面無表情，好像我在說什麼外星語一樣，大概是心想：「果然是老闆啊，星期一看見員工進來賺錢就覺得很爽。」

過去在上班時，我也曾期待過星期一。

那是在某醫材公司擔任行銷人員的時候，當時那位置是個新職缺，公司希望開啟保養品電商業務，因此需要找一位網路行銷。公司過去沒有專職行銷人員，基本都是藥師們兼職處理，而公司主業務相當穩定，人員離職率低，因此平均年齡也偏高，對於網路相對陌生一些，我初擔此任，一切百廢待舉。

當然我很積極想做點成果，每天都忙著改東改西，與各部門溝通聯絡，從規劃網站架構、找網站廠商詢價比較、規劃出貨流程、與倉庫溝通退貨方法、拍攝各種商品形象照、撰寫產品上架文案、最後到網站上線後，規劃網站的行銷活動。

每天我都期待著上班，假日也都在研究其他網站怎麼做的，然後觀察各個論壇、社群等討論，也跟公司爭取上課機會，希望透過與外界接觸學習更多，回頭能幫助公司更快成長。

由於是新業務方向，因此有許多要麻煩其他部門多做的事，像是出貨單就需要多一道手續、會計退款也需要多一個名目、辦活動的獎品也需要多準備樣品、還有設計也需要一直修改圖片，連資訊部都必須為了資安，多準備一些防範。而當時只要有部門溝通後覺得麻煩的事，我都直接攬下來做，是一段辛苦但充實的過程。

當然，很明顯地只有我一頭熱。

漸漸地我也有些累了，開始討厭星期一。

看著一堆待辦事項，都已經不是自己能處理的，但也不好意思要求同事加緊腳步，於是只好拖過一天是一天，偶爾詢問一下進度，還沒輪到我就摸摸鼻子。

每個星期一進辦公室，看見訂單數沒有什麼成長，看著想辦的活動卡關，看著想換的圖還沒好，我越感心灰，又恨自己太弱，不能什麼事都自己做。

再後來，我的熱情燃燒完了，又再患起了星期一症候群。

每個星期一症候群，都從失去對工作的熱情開始。

自己開公司後，我也曾討厭過星期一，那是在人事動盪的時刻，覺得一切都好煩人，每天有一堆讓人煩心難解的問題。

一下子這個夥伴工作進度落後、一下子那個夥伴最近心情不佳需要安撫、一下子另一位要準備離職追尋夢想工作交接……每個星期一，一進辦公室，就好想逃離。

那陣子我反而喜歡星期六日，覺得還是一個人的辦公室好，開始懷念過去，那種只需要為自己負責的日子，對工作充滿熱情，期待星期一電話響起、接到案件的喜悅。

我回想起自己往目標前進，一步步劃掉待辦事項的爽快感，看著自己一手規劃的目標即將實現，期待星期一都可以看見成果的那一刻。

被污名化的星期一是無辜的，失去工作的熱情，才是真的。

沒有人喜歡星期一的原因，是因為沒有人喜歡工作。

又或者，你正在做著不喜歡的工作，那不管星期幾，對你而言都是痛苦的。

星期一很公平，不論你是老闆還是員工，都不會放過。它能夠看穿你對工作的熱情，然後用一堆鳥事狠狠地折磨你，告訴你不要再假裝了，還很假好心的讓你以「Monday Blue」的名義，來掩蓋低潮與失落，假裝說服自己只有今天只有今天，好像星期二就比較友善一樣。

直到你忍耐多年後，才會開始發現，令人痛苦的不是每個禮拜都有星期一，而是我們被困在討厭的工作裡。

每一天。

2 公司福利

我印象裡最好的員工福利，是在春水堂時期，每天有一杯免費的員工飲品。

當時剛進公司，聽到有這福利時，心裡雀躍不已，畢竟在那時，春水堂的飲料對我來說是高貴奢華的享受，通常只有在朋友聚餐時，才捨得喝上一杯。

如今每天居然都有免費的額度，這對剛出社會，還在嗜甜如命、螞蟻隨行時期的我來說，可以說是最棒的福利了。算一算如果每天都喝一杯，一個月可以省下大概上千元的飲料花費呢。

因此我剛進去時，幾乎每天都會叫上一杯，一是為了快速瞭解公司產品的特色，好寫出文案介紹；二當然就是好好滿足一下自己的味覺。

還記得當時在裡頭的前輩常感嘆說：「果然是新人啊，久了就不會想喝了。」

我只想著：「哼哼，怎麼可能呢，我一定要每天喝。」

大概三個月後，我的體重上升了。

被當時的女友現在的太太警告，不可以再喝了。

「可是這是我的工作啊。」我理直氣壯。

「那最起碼兩天喝一次。」

「喔……好吧。」

「而且要半糖。」她強硬地說著。

於是我的喝茶頻率開始下降，旁邊的前輩發現後，一邊泡著他的手沖茶葉，慢悠悠地說：「咦，喝膩了嗎？」

「才沒有。」我心想。

再過三個月，我的頻率變成三天一杯，到最後變成每天無糖綠。

跟前輩們差不多，無糖綠從以前就是最多人的選擇。

每當我跟其他朋友聊起公司福利時，他們聽聞我每天可以喝免費飲料，都會露出我當初的興奮表情：「哇好爽喔。」

再爽的事，久了還是會習慣，還是會變成生活的一部分。

離開春水堂後，我在另一間麵包品牌的第一個月，吃進了我這輩子最多的麵包。再後來，我就沒待餐飲業了，這產業的福利都太傷身體了。

不同的公司有不同的福利，很多時候我們求職時，並不會特別追問太多細節，大抵上知道上下班時間、特休規定、勞健保與三節，偶爾再加上員工旅遊等，就覺得差不多了。

而剩下的福利，大多是進公司後，才會有一種「賺到」的感覺。像是有些公司，會有固定的下午茶時間、運動時間、員工餐廳、老闆不定時的請客等。

這些看似很棒的福利，在剛進公司時都會覺得很特別，但久了也就習慣了，直到換下一間公司沒了這福利，才回憶起這福利有多美好。

對老闆而言，每一個公司福利，都是公司的成本，都是壓在薪水之外的營運成本。並沒有人規定公司一定要提供這些免費的下午茶跟飲料，或規定公司裡一定要有健身房、桌球間，每週要有一次運動時間等。

公司剛成立時，只有我一個人，我最大的福利就是時間自由，這是每一個創業者初期最能感受得到的。

我能選擇幾點上班，幾點下班，要做多少不做多少，要睡就睡要醒就醒，聽起來很美好。

而這也是最大的痛苦——沒有自由。

我不做就沒錢賺，我睡著時一切就停擺，不工作就會餓死。沒有人決定我的時間後，也不會有人負責我的生計，然後市場就會決定我死多快。

當時沒有任何公司福利，沒有特休假、沒有免費下午茶、沒有員工旅遊，我自己跟家人連六日都不曾出去玩。

為了省錢，我買了沖泡式咖啡當作早上的飲品，同一口味喝膩了，我還會多買幾家不同品牌口味，混合著沖泡，當時搭配出最好的組合，是拿鐵＋曼特寧，甜苦綜合，酸香共享。

還有一個可愛的福利，是每天中午時，太太會從家裡準備便當，帶著女兒一起到我的小辦公室，窩在一起吃午餐，那是寂靜的辦公室裡，偶有的溫暖與熱鬧。

這些福利不花什麼錢，卻很有價值。

公司後來人多了，我也不斷思考要給大家什麼福利。當時對福利的想像，大多來自於我們聽過的故事，像是某些公司有免費無限的餐廳、心情不好的心情假、出國旅遊都去歐洲各國、辦公室內有百坪健身房遊樂間等。

這些美好的福利，成為了每一個求職者的想像，也讓每一個老闆自嘆不如。為此我煩惱了好一陣子，問過許多老闆，他們都提供什麼員工福利給大家。

「每週都有一些心靈成長課程，這種課跟專業無關，卻是人生很重要的課題，希望幫助他們的人生過得更好。」

「運動吧，我都會拉大家去運動，不然在辦公室裡很常忘記要運動，這樣身體會越來越差的。」

「我們公司零食什麼很少，因為我覺得那不健康，倒是我們都會有營養師幫忙準備午餐，讓大家均衡飲食。」

「我很喜歡旅遊，我覺得旅遊是人生很重要的體驗，所以員工要去旅遊我都很支持，雖然沒什麼補助，但假都是隨便請的。」

「我覺得能給大家穩定的工作環境，公司生存良好，讓大家每年都有個目標與期待，持續加薪，就是很好的福利了，畢竟那些福利都是成本，而且遲早會膩的，但加薪不會膩吧。」

即使沒人規定一定要提供什麼員工福利，但我們都知道，福利或多或少會影響員工的心情，在徵人時也是重要的宣傳。

可以寫出來說公司有零食吃到飽、有很多特休假、有趣的辦公室與看起來歡樂的活動，對外人來說，都是充滿幻想的美好。

我在大學時期曾擔任校園導覽員，負責帶高三畢業生參觀我們學校，時機點通常是三、四月時，他們參加畢業旅行的最終一站，就是到我們學校。

通常先到會議廳，講解學校的歷史與理念，然後是學校的地理位置和校院位置，再繞校園一圈，沿途介紹各學院的系所專業與目標。

偶爾會聽到來參加的高中生說：「學長，我真的好喜歡你們學校，好希望考得上喔。」

「你們學校是我的第一志願耶，但是分數真的好高喔。」

「如果能進到這學校，我一定會開心死了。」

透過別人的羨慕，我才感受到原來這所學校有這麼好啊。想起當初剛入學時，只覺得這學校好大好熱。讀了四年後也都習慣了。

或許公司在外人眼中也是如此，提供員工福利，對外人來說很美好，但對於在其中工作多年的人來說，不過是另一種習慣的日常生活而已吧。

時常會看到一些老闆抱怨，說提供了許多員工福利，但大家還是不珍惜，真的覺得很浪費。

「這些都是額外成本耶。」是成本，也是一種自我安慰。

提供這些福利，到底對員工是不是好的，又或者問員工喜歡什麼福利，其實大家也沒什麼意見，因為每個人最想要的福利就是可以不上班就有錢拿吧。

老闆也想。

可惜這世界這麼殘酷，並不管你有多努力。因此我們只能增加這點福利，讓大家在辛苦工作時，感受到一點甜。

好假裝我們在這間公司工作，是幸福的。

3 開會了

大學時期，因參與社團活動，開始認識到開會這件事。

當時還覺得開會挺神聖的，每當有人約說要去哪邊玩，我總會一臉無奈帶著責任感般回答：「噢我今天有會要開，不能去了抱歉。」

彷彿開會是優先權最高的事情。

開會的神秘之處在於，明明很多事與你無關，但你不參與又無法確定是不是跟你無關。

因此，一場兩小時的會議，可能只有五分鐘與你有關，但你就被迫要花兩個小時。

後來在當員工時，自己還蠻喜歡開會的，開會有一種「我是這裡的一份子」

的感覺，在會議上討論與決議的事項，我也是第一手知道的那位。

雖然有些會議很花時間，我也聽過許多惡名昭彰的會議，如開了一整天卻都沒有決議、開會都是聽老闆在說話、各部門各講各的吵成一團、完全不重要的小事也浪費兩小時開會、一場會有好幾十人來但說話的只有一兩個人……等等。

幸而在我的工作歷程中，糟糕的會議只有少數幾場，雖印象深刻但不至於瓦解我對會議的期待感。

我常在會議前精心準備，例如某個提案，如果只是私底下與主管討論，多半只會得到「再看看」的答案，但如果在會議上討論，似乎就能夠有個確切的方向與結果。例如某個想法，總是個別與同事抱怨辦公室生活的不便利，但如果在會議上提出來，似乎就會成為公司的問題，值得被解決。

會議的作用，就是把一件事變成大家的事，公開來表達公開來討論，讓這件事變成共識，大家都聽得到意見，也就難以反悔什麼決定。

我向來對會議，抱持著樂觀與希望。

雖然在會議上有時也力不從心，覺得自己發言力道很小、人微言輕，總感覺這些會議是給大主管、大老闆開的，而我們只不過是幫襯鼓掌與被告知而已。

面對會議的無奈，大抵來自權力的不對等吧。有可能你精心準備的數據與提案，抵不過老闆一句「感覺不對」而全盤否定。也有要大家自由發表意見，提出對公司有幫助的建議，但等到你真的提出了，卻又得到一句「這是你個人問題吧」，而被貼上愛找麻煩的標籤。

這樣的事只要發生一次，就足以抹煞掉你在會議上發言的動力，成為那跟著點頭的一員，每次開會都只能祈禱自己這次不要睡著。

老闆在會議上看似權力最大，說什麼大家都會點頭，但事實上大家只是對薪水點頭，出了會議室，剛說的都不放在心上。

過去我總心想，等我當了老闆，一定要好好準備會議，讓大家能夠暢所欲言。

當了老闆後，才瞭解會議對老闆而言，才是真正的折磨。

初期只三、四人，人少空間小，我們沒什麼特別開會的意義，大概就是幾件事坐到身旁交待討論一下，然後群組告知就好了，就算是比較需要群體共識的事情，也是站起來大家說說話即可。

後來因為人多到六、七人，搬了辦公室也有了會議空間，因此每週有一次會議，主要是確認每個人手上案件狀況，讓彼此知道對方在做什麼，也增加夥伴之間的交流。

人數再增加到十人後，業務開始分領域，夥伴也有新來後到，每個人認知的知識與程度是不同的，因此每週都有早會，內容主要是上課、分享知識等，偶有佈達事項與議題討論，更即時的將訊息共享給每個人。而週一就是比較完整的週會，會讓大家討論一些議題，以及分享上週的工作成果。

會議是個神奇的場合，說的人賣力，聽的人無力。說的人知道聽的人無力，也只是隨意說說；聽的人知道說的人是隨意說說，也就放空聽聽。一個輪迴下來三星期五星期，會議就有了大家覺得浪費時間的印象。

原以為老闆身分，對會議這件事會有不同的體悟，反正過去人微言輕，現在人重了，言總該重了吧。

後來才感受到，加重的只是那份無力感而已。

我也曾為了開會要開得好，翻了好幾本書，學了許多關於開會的藝術，嘗試著要用在公司上。就好像溝通技巧學了要用在伴侶身上一樣，總覺得有些彆扭，可是不用又沒其他方法。

但再多開會的方法，還是抵不過無言的心。

會議本是要溝通討論意見，傳達揭露訊息，但我們在會議上揭露的，都只有對工作的疲倦感而已。

意興闌珊，是會議上所能看見的最佳寫照。當你詢問意見時，大家都習慣低頭，彷彿高中老師在點名一般，深怕眼神對上了就必須回答。但在職場上，即使你不對到眼，還是得輪到你說；只是，那習慣性的低頭，一如我們被交辦任務時的點頭。

看見低頭閃爍的眼神，我既不想強迫他們，卻也需要得到他們的意見。老闆若要一意孤行，那就不需要開會了，每個老闆開會也都存著猶豫，希望看見大家的信心。

過去看台上說得口沫橫飛，現在輪到自己需要講點什麼，才發覺有多困窘，彷若對山谷吶喊，回應的只有你的餘音，山底下滿是人群聆聽，卻無一人明白你在說什麼。

「大家有沒有什麼意見呢？」

「……」

「大家有沒有什麼想法呢？」

「……」

「這問題大家覺得該怎麼辦呢？」

「……」

開會的無力之處，就在於你永遠不知道那些無言之中藏著什麼。

是真的認同一切所說，還是不在乎所說；是思考過後覺得沒問題，還是沒思考因此找不到問題；是真的沒意見所以不表達，還是有意見但不想表達——是覺得說了也沒用嗎？

不知道，主持會議的人永遠都不會知道答案，他只希望聽見有人回應。才不會發現這舞台，只有他一個人在乎。

4 這是公司規定

每間公司，一開始都沒有什麼規定的，都是一次次發生事件後，才累加上去，成了疑神疑鬼的組織。

我曾到一間公司拜訪，一進大門，就看到鞋櫃旁有張紙條：「請將鞋子擺放整齊，凌亂擺放者將丟至垃圾桶。」於是我小心地把我的鞋子放好，擔心出來後鞋子就不見了。

在整個會議中，我也看到四處都貼著告示、提醒跟警告的語句。

走到茶水間，看到飲水機上貼著：「請勿倒泡麵水，如堵塞罰掃廁所一週。」

看到垃圾桶旁貼著：「請做好回收分類，未分類被發現者，罰倒垃圾一週。」

看到洗手台上寫著：「請勿將水漬噴到台上。」

一進會議室看到：「離開請將桌椅靠上，保持空間舒適。」

會議室講台上貼著：「麥克筆使用後請收好。」

其他則不勝枚舉，出現在印表機、樓梯間、櫃台、走道、看板……等，讓我感覺這真是一間充滿警示意味的公司啊。

我私下詢問該公司主管：「你們公司好像蠻多規定的？」

「是啊，我們每一件事都有各種規定。」

「每一件事？像是什麼呢？」

「嗯……像上下班，除了要打卡之外，還要在簽到表上簽名。」

「咦？為什麼呢？」

「為了防止有人代打卡。」

「那直接用簽到代替打卡不就好了？」

「這樣就擔心有人簽到時間亂寫。」

「那數位打卡呢？用手機。」

「怕有人還沒進公司就打卡，或是前一天拿給別人代打。」

「那……門禁打卡呢？我看你們進出都有門禁卡，我記得有門禁可以用指紋記錄打卡。」

「那種只要跟系統人員串通一下，就能修改了。老師，其實你提的方式，我們幾乎都想過了，最後還是決定親自簽名跟打卡記錄時間是最簡單也保險的方式。」

「嗯……瞭解，那這樣感覺你們請假、或是日常上也很多這樣的規定囉？」

「對啊，因為之前經常有同事利用各種原因鑽漏洞，所以後來規定就越來越多了。」

這間公司是我看過比較極端的例子，但每一間公司或多或少都是這樣的。

一開始，大家都是相信人的，公司小，大家距離近，有什麼事說一下即可，不論是請假或是生活細節上的配合。

但等到公司人越來越多，就會有各種磨擦與配合上的失準，我們總容易誤會信任的界線，以致於發生「我以為你會知道」、「我以為沒差」的狀況。

小至茶水間的垃圾、廁所的衛生紙、文具的領取等生活習慣，大至請假、工作、零用金使用、對外客戶應對、危機處理等。

公司的生活規定、工作規定、入職規定、加薪規定、升遷規定、離職規定……每一個規定，都是人定的，也是因人而定的。

老闆他自己能知道並說出所有的規定嗎？老實說，很困難。

因為這些規定，很多時候不是他提的，而是部門之間討論出來的規定。老闆通常只會覺得：「如果這樣你們彼此間比較好做事，那就這樣做吧。」像是會計出納規定、總務用品領取規定、物流寄貨交件規定等。

再者是，老闆一般會被劃在規定之外，一些比較小的生活規定，老闆就算違反了也會被通融，像是老闆急用什麼文具，急著拿到錢做什麼付款、突然要請哪位廠商公關餐敘等等。

以前都覺得，公司的這些規定，都是老闆定的吧，自己定的規則自己還不遵守，真是「嚴以待人，寬以律己」啊。

但事實上，老闆也被公司規定著，只是老闆享有比較多例外。這些例外，不過是老闆壓力下的一點小小特權而已。

公司規定之所以為規定，並不是要讓誰得到好處，而是我們生活相處時約好的一些條件罷了，希望彼此都能更好做事，誰都不給誰帶來麻煩。

照規定的好處，就是我們有所依循。缺點就是，規定是死的，每個人都是獨特的，有些時候自己的尖刺碰到規定時，難免覺得不太舒服。

畢竟長大了，出社會了，再也不能盡情揮舞自己的任性了，公司規定就是第一道磨砂紙，把你喜歡亂丟東西的尖刺磨去，東西必須歸位。

規定也像是老闆自己的金箍圈，綁住自己的傲慢與任性、刻上自己的權力與義務，必要時還會緊縮，讓你頭痛一下——薪資規定每月十號發薪水，請按規定準時支付。

沒有人喜歡被規定，這世界、這輩子永遠都是。我們都想自由自在的做自己，縱情恣意生活無所畏懼，如孩提時期，想哭就哭、想吃就吃、想脫就脫、想躺地上不起就是不起，雖買不起糖果餅乾，但胡鬧一下還是可以的。

但長大活過，規定越來越多，讀書規定、結婚規定、工作規定、社會規定、法規規定……這世界真的越活越不自在啊，於是忍一忍，終於忍到老年，想重新任性一會兒，但已經沒有體力可以風騷了。

小公司時我們都任性，想開就開想睡就睡，享盡自由創業的一切想像。然後公司越來越大，人越來越多，不自由了也不任性了，忍啊忍，這條路的規定越來越多，覺得創業是不是沒有想像中那麼美好。

最後是分岔路——成功發展與失敗收場，不論哪一條路，我們都被規定要負起責任。

公司越大規定越多，被規定綁死自己，又有新公司、什麼規定都沒有，久了又開始出現各種規定……這樣的輪迴，我們學到了什麼？

是對人性美好的幻想抵不過真實，還是我們弄錯了公司的本質？

過多的公司規定，不過是為了安撫制定者的心，彷彿規定一出，就代表人人都認同這些規定背後的意義；就好像只要我們遵守著什麼成功法則，就能邁向成功一般。

這條路我們都太害怕找不到方向，因此只能透過一條條的規定，彷若什麼明燈，照著規定，就不會有錯；照著規定，如果錯了，就不是我的錯。

一群人一起工作，來自各自不同的背景與大腦。
那些規定，就成為我們能共同擁有的合約，劃分好彼此的領域。
等到我們分開到再也不認識彼此，尋找下一個領地為止。

5 做錯事怎辦

人都會犯錯，我們都懂，但我們常對自己的錯寬容，對別人的錯怒火。

我曾看過老闆，對著自己的員工生氣指責，那模樣像是個被稱為公主病的女友，對遲到五分鐘的男朋友大發雷霆，然後忘了自己上次整整遲到一小時。

原以為這是老闆自己「寬以律己、嚴以待人」的標準，後來當了老闆才感受到為什麼。

有一次我到台北講課，結束後一樣在高鐵上處理一整天未進公司的事，當天有客戶的文案需要修改、有新客戶需要報價單、有案件可以結案可以開發票了，還有一些零散的信件要回覆。

以我的習慣，都是先處理外再處理內，因此先回覆了報價單、修改內容與發票訊息後，就開始往內交辦。

事情就開始失控了。

管理師提供的報價單金額有誤，我回覆後他說：「對不起，立即修改。」

文案師給客戶的文案有錯字，我抓出了幾個，跟他說自己再檢查過一遍，他回覆：「抱歉抱歉，馬上改。」

帳務開完發票後，發覺稅額有誤，含稅未稅的錯誤來回就差了幾千塊，經我說明後，帳務說：「啊對不起我忘了。」然後重開一張。

三件事都是不同人犯的一個錯誤，但對我來說，在一瞬間我已經接收到三個錯誤了，彷彿全天下的錯都往我身上丟一般。

收信件時，看到前兩天有個報價詢問好像還沒回覆，因此問管理師這報價如何了，他回覆說已經寄了。

「那我怎沒收到信？」

「啊抱歉，我忘了副件給你了。」

燃點到達，我用訊息快速回覆了幾句嚴苛的話，像是這種簡單的事做過多少次了，為什麼還會忘記，為什麼老是這麼粗心云云。

訊息裡多了幾個驚嘆號與問號，表達了我當下的情緒。

對方只是一直說對不起對不起，下次會注意的。

回到家後，女兒的玩具又一團亂，她看見我回來，向我討著今天有沒有買禮物給她，我只是冷冰冰地說：「沒有，不是每一次出差都有禮物的。」

事實上我有買，只是當下的情緒實在無法擺起驚喜的笑臉，於是這禮物也變得沒什麼意義了。

太太看我臉色不好，問我吃飯沒，我說還沒，然後坐在餐桌前，發著愣，回想今天一整天。

究竟是怎麼了？為什麼今天整天這麼爆炸，為什麼情緒這麼難平復，為什麼這世界這麼混亂，啊啊啊啊啊。

當下我又餓又累，只覺得想哭，又後悔是否對管理師說太重的話，但又覺得好氣好惱，摀住臉，說不出話。

女兒過來拍拍我，說：「爸爸你辛苦了。」她常會這樣，無來由地安慰幾聲，然後蹦跳跑走。

我起身去洗澡，讓一身煩躁隨水流離去，出來後餐桌上有簡單的飯菜，吃著，覺得好像事情都沒那麼嚴重了。

半夜，想起我上班時犯過的錯，也不計其數。

有商務信件寫錯字的；有寄信寄錯人的；有預算金額算錯的；有因為忘記信件而錯過行銷活動報名的；有搞錯廠商資訊以致於雞同鴨講的……想來都挺羞愧的，也就笑了。

隔天，我找管理師時，他緊張地說：「昨天對不起，我有再副件給你了，對方也回覆了，剛剛有轉給你。」

我向他說了聲抱歉，昨天的訊息好像看起來很兇，驚嘆號很多，希望你別嚇到，那只是比較急一點而已，你的工作很繁瑣，對內出錯注意點就好，對外就多檢查幾次吧。

他聽了後有點愣住，大概心想這老闆跟昨天發訊息的老闆是同一人嗎？

我想起了溝通守則裡有一項，叫做「知識的詛咒」，即是很多專業知識，是你自己知道、別人並不知道，於是擁有許多專業知識的人會喪失對一般人說話的能力。

員工並不知道老闆今天遇到什麼事情，同理老闆也不知道員工發生了什麼事。所以我們對於對方突如其來的情緒都會覺得奇怪，甚至會認為這是一種遷怒。

老闆也不知道員工今天到底處理了哪些事？只看到他做了一件錯事，覺得他真的很不用心、很粗心，但可能忽略了他今天其實處理了幾十件對的事。

我們都缺少對彼此的理解，這世界上的「通靈術」也不夠普及發達，最後只能學會控制好自己的情緒。

曾聽過一個老闆說，他發現一個員工某天上班很不專心、心不在焉，接待客人也沒有笑容跟表情，於是找她過來問，才發現原來她交往多年的男朋友劈腿了。

有感情分手的、有家人離世的、有貓狗失蹤的、有昨天線上遊戲失去重要寶物的、更有不知為何一夜失眠的⋯⋯每個生活變動，都可能讓我們隔天在工作崗位上失常。

那什麼時候又是正常呢？生活有可能讓你總能好整以暇，養精蓄銳嗎？日子有可能每日一樣，總是無憂無煩，等待挑戰到來嗎？

公司企業有可能每日穩健成長、每月逐步升高、每季達標慶賀、每年完成年初設定成長二〇%的目標嗎？

我們都不可能，那何必用這樣的標準去要求別人，也苛責自己呢？

人最常犯的錯，就是認為自己不會犯錯，認為計劃好就是做好了，認為這世界會隨著自己所想的運轉與前行，認為會犯錯的人都是自己的問題，認為這世界上的錯誤都需要被修正——而忘了自己的錯誤。

在這幾年創業過程裡，我漸漸學會的一件事，就是把錯誤跟情緒拆開來處理。

我很容易寫錯字，我的文章出現過許多錯字，因此我自己寫稿時，都會特別注意錯字。但即使如此，還是會有沒抓到的錯字，每次我都對自己非常的懊惱；也因為這樣，所以對夥伴的錯字容忍度就更低了。

但我不會因為他們寫錯字就特別生氣，只會對這件事特別仔細。

我還是個數字盲，對數字敏銳度不高，過去在計算行銷數據時，常常會出錯，也常被糾正。自己開公司後，帳務委由太太與會計事務所處理，而我手邊需要填寫的如出差單、報價單等，我都會再三檢查過。因此當夥伴有這部分錯誤時，就特別容易被我看見。

但我也覺得不該因為他們犯了這些錯而生氣，只認為應該告訴他們犯錯的嚴重性，並且想辦法避免，如無方法，只好一再提醒細心些。

我們都相信，沒有人想犯錯。

但錯誤總是不可能完全避免，如果我們因錯誤產生，而再生一次氣，那就是再犯一次錯了。

一個我以前的主管，後來跟我說：「你們以前都覺得我不是很厲害、覺得我不專業，但事實上你們都搞錯我的工作了。我不是想當一個最厲害的主管，我要當的，是能讓你們發揮自己最厲害地方的主管。我的任務不是教你們什麼東西，而是替你們扛起錯誤的責任。」

多年之後，我才學會敬佩他，也感謝他。

重點從來不是犯錯，而是責任。

我們都不知道對方過著什麼樣的昨天，但我們永遠都可以，一起承擔明天。

6 情緒

人都有情緒，只是隨著長大，就會有越來越多人告訴你：「不要太情緒化。」雖然不可能，但我們都盡量學習這件事，雖然不合人性，但我們什麼時候又在乎過人性了呢？

在我訪談了二、三十位老闆後，有些老闆聊著聊著，就會忍不住說到關於公司管理的一些原則，與我分享他們的心得。

很常說到的一句話就是——「老闆不要有情緒。」

「老闆不該有情緒，起碼你不可以表現出來。」

「老闆要秉公處理，不能有個人情緒在其中，不然這樣別人會不服氣的。」

「身為老闆就該隱藏自己的情緒，即使你很氣，也不該表現出來，你一個人的情緒會感染整個公司，讓大家都不好過。」

「老闆就是沒有自己的情緒，只有解決問題。你可以氣在心底，但不可以發脾氣，沒有人喜歡愛發脾氣的老闆，對事情沒有幫助。」

這類說法很多，都是老生常談，卻是每個人心中長嘆。

我曾與夥伴聊他們過去的工作，怎樣的情況壓力會最大？最常聽到的就是：「老闆很常發脾氣。」

自己焦躁也發脾氣、員工做錯事也發脾氣、市場開拓不順利也發脾氣、東西位置擺不好也發脾氣，好像他的脾氣就是他的人格，這樣情緒用事的老闆，大家都害怕跟他共事。

以前有個理論，叫「發脾氣是個學問」，意思是你的脾氣不是隨便發的，你要有技巧的發。

比如說平常都是笑咪咪的樣子，看到不對勁的地方，才可以「刻意」發個脾氣，讓員工知道這件事的重要性。

或是說對內做錯任何事都沒發過脾氣，但當員工對客人做錯事，那就需要好好發一頓脾氣，這樣可以讓員工瞭解我們是以客為尊的精神。

看吶，當了老闆，你全身上下都是武器，連情緒都不例外，只能在適當時機揮舞。有點類似當了名人，你就沒有隱私可言；當了父母，你就沒有了自己一樣。

當了老闆，你是不能有情緒的，否則你就是個不稱職的老闆。

但是，你必須去包容別人的情緒，要關心員工的心理狀況、要體恤員工的身心平衡、要讓他們有成就感有榮譽感、要給他們鼓勵也給他們管道發洩。

你就是管道，所以老闆就是情緒的垃圾桶。身為垃圾桶反而倒出垃圾是不行的，所以老闆不能有情緒。

這些說法都是對的，我在當老闆並且有了夥伴之後，也慢慢學習到這件事。

是的，「沒有情緒」這件事是需要學習的，從當學生到當員工，我們都有自己的情緒，對老師不滿、對課業不滿、對生活不滿、對工作不滿、對主管不滿、對社會不滿。

我們隨時都可以抱怨自己的情緒，不論對錯在哪裡，情緒是正常的，不發洩一下會悶出病來。

但是開公司當老闆後，你就失去這權利了。

由於個性關係，因此我比較少面對面直接生氣，大多是用文字表達我的情緒。因此，當我第一次在公司群組裡發脾氣的時候，看不見夥伴們當下的表情與狀態，只能透過文字回應來理解大家的接受度。

我通常會加上很多符號，來傳達我對此件事的不滿。

「為什麼會這樣？？？？？」

「這是在做什麼！！！？？？」

「在寫什麼鬼啊？？？！！！」

大抵上是這類的訊息。或許一些人會認為，訊息應該比面對面發脾氣來得好吧，但其實用訊息來傳達可能導致更多心理壓力，因為你不知道對方的反應到底有多嚴重，每一個嚴重程度都是你自己的想像。

面對面有表情、有聲音、有氣勢，你會因此產生自我保護的心理，認為眼前這人真的是瘋子。

但是文字訊息，會穿透你的保護層，讓你無從躲藏。

我在很久之後，才知道大家對我發那些脾氣的想法，也才真正意識到自己情緒的影響力。我想我是幸運的，還有機會意識到這件事。

那是在一年後的某次夥伴懇談裡，不經意提起的：「其實那時候，在群組看到這樣的訊息時，讓我覺得很灰心。」

「怎麼說呢？」

「好像我們做的事都沒有價值，好像辛苦了很久都在做蠢事一樣。」

「對不起，那時候真的跟期望差太多了。」

「嗯，我瞭解，那次的確做得不是太好，所以我們都能理解你為什麼生氣，但還是覺得很難過，那是打從心底的失落，說不上會討厭你或是想離職，但的確是好一陣子不想再碰關於工作的事。」

「這樣啊……原來是反效果啊……」

「也不想跟你說話。」

「……對不起。」

後來我就瞭解到，表達方式比情緒重要，也更認知到，老闆好像不該有情緒，因為你的情緒不是你的，而是整個公司環境的氛圍。

只要某天早上，開早會時我是面無表情，口氣低沉的說話，開完會後也沒有特別的東西分享，只是冷冷地說：「今天就到這裡，謝謝大家。」那我會發現當天大家的情緒是有些低落的，即使什麼壞事都沒有發生；而我的情緒只是來自前一天，因為家裡的小孩半夜啼哭沒睡飽而已。

反過來，如果我精神飽滿、面帶笑容的開完早會，並分享一些所見所聞有趣的事，帶著歡笑結束早會，那當天大家的氣氛明顯是較活潑愉悅，也會突然有人就想喝飲料了。事實證明，氣氛好的公司，真的會讓人發胖。

小公司老闆就是氛圍，大公司主管就是氛圍，大老闆則是氣候。氣候變遷難以改變，氛圍每日才是關鍵。

大多數夥伴，感受到老闆的責任，不是什麼「面對市場環境，保持企業競爭力」，也不是「讓公司賺錢，保持獲利能力」，更不是「幫助員工成長學習，培訓人才達成夢想」……等等的管理名言。

而是「你每天進辦公室時，能不能不要擺一張臭臉，讓大家壓力很大。」

管理責任很多，但被管理的人，需要的不過就是每一天，能快快樂樂上班，平平安安下班而已。

創業後，當了老闆後，我真正學習到的是：老闆不是應該沒有情緒，而是不能有負面情緒。

你只能歡笑，不能憂傷。

你只能微笑，不能皺眉。

你只能雀躍，不能愁苦。

你的負面消失了，從此你都只能正面積極。

你要帶領公司向前。

所以你只能快樂。

7 糟糕的不只一天

我至今最害怕一件事，就是看見私訊傳來，開頭是：「老闆，我有些話想跟你說……」

通常這樣開頭的，要不是離職，就不是什麼好事。

離職，是創業新手的最大心魔。

我雖然擅長離開，但不擅長處理離別。通常我自己的離開，都是乾淨無掛，沒有依依不捨的感情也沒有後會有期的奢望，就是我們離開了，能不能再見，總要有一方努力，一方願意。

而我，太害怕被拒絕，也就不敢努力。

某個星期四在高雄的課，是在大學裡，對象是對商業文案充滿好奇的大學生，因大學生對文案較陌生，於是花了較多心神，一直到下午六點坐上回台中的高鐵，繃緊一天的神經，終於稍稍放鬆。

在高鐵上，看著訊息，新人傳來交稿內容，標題語句生澀、語意不清，我回覆了修改意見，並且要求要一次寫三個，不然每次都只有一個選擇，來來回回修改會過了交稿日。

回完後我閉上眼休息，想著今天講得不順的地方、學生沒笑的地方……反省自己。

快到站時，再打開訊息，看見修改來的內容，重複一樣的問題，犯一樣的錯誤，我又累又惱，問她沒有給前輩看一下嗎？

她回有，於是我將內容傳到公司群組，問為什麼這樣的基本錯誤沒有跟新人說，口氣嚴肅。

群組緊張了一下，回覆會立即修正。明日就要交稿，我也在緊張，如果等等還是不行，那我今晚就必須拖著疲累的身體，熬夜自己寫過。

到了台中，騎機車在路邊買便當要回家時，電話響起，是一個陌生電話，接起後是新人的聲音。

說著自己可能無法勝任這份工作，給公司帶來麻煩很抱歉，就做到今天。

我詫異，怎麼了？不是才剛開始嗎？來不過一星期多一些，稿件多修改幾次也是正常的，怎麼就這樣要放棄了呢？

新人不斷重複說著覺得自己沒為公司帶來幫助，覺得很抱歉，就到今天了就到今天了。口氣如山雨在後、狂風緊跟。

當時天有微雨，我心累身累，勸了幾句無果，無奈地說：「好吧，謝謝妳。」對方急說「謝謝謝謝，對不起，拜拜」後掛了電話。

我的便當好了，提著便當回家，腦中無神。

隔天問了在公司的夥伴，昨天狀況如何，大家聽聞新人不來，驚訝不語，我反省地問：「昨天口氣太兇了嗎？」

「還好吧，可能在群組看不出口氣，多幾個驚嘆號感覺很兇。」

「……對不起，以後不用驚嘆號了。」

我看向新人的桌子，乾淨整齊，如早已決定逃跑般的離開，心酸湧了上來。

一個餐飲業老闆安慰我說：「這還算好的，有跟你說一聲才走，我這裡多的是沒說就不來的。」

有些是前一天打破盤子，被念了幾句，隔天就沒出現，電話不通，上哪臨時找人？當天跟打仗一樣，老闆一人當兩人用。

還有老闆跟我說：「收桌子收乾淨還算好，有些是把東西都一起帶走了。」不多，就是桌上的公司文具和一些廠商樣品而已，都不值什麼錢，但就是那顆心，寒啊。

蝙蝠俠的頭號對手小丑曾經說過：「只需要一個糟糕的一天，最理性的人也能成為瘋子。」

每個老闆，都不只面臨過這樣糟糕的一天，好幾天。

那陣子公司人事變動較多，有人要回家幫家裡、有人要出國念書，事情都開始交接，有時一天要面試八個人，也被面試者放鴿子，一整天這樣持續中斷，什麼事也做不了。

客戶的文案成果不好，忙著修改；新版本課程還沒準備好；公司訂閱服務的內容品質還沒穩定；案件排山倒海的來，接也不是不接也不是……每一件事都不大，只需要點時間處理。

讓人崩潰的都不是大事，都只需要點時間處理。

某天夜裡，太太帶孩子回高雄娘家看看外公外婆，我雖尚未處理完當天的事，但已經又累又餓不想留在公司裡，看見那些信件就煩，八點多買了自助餐回到家，配著YouTube的影片下飯，看著YouTuber豐富的演繹趣味主題，在影片裡歡笑的樣子，不知為何心一酸。

吃完飯後，打開了久違的遊戲，沒到一小時，就煩厭得玩不下，關上電腦去洗澡。回到房間，躺在床上翻著案頭的書，一頁一頁，跟著東野圭吾的主人翁一起煩惱案件，到近水落石出時，倏地闔上書，一股悲傷湧上心頭。

我緊抱棉被，從悶聲啜泣到哀哭出聲，眼淚不停地掉，聲音啞得難聽，才發現自己原來哭的時候這麼醜，一點都不如戲劇般優雅或壯烈。

大概是太久沒哭了吧，近幾年的印象只有孩子的哭聲，成年人的哭只在戲劇裡看到。

但我現在就在自己的戲裡，出不來。

心裡沒有一點大事，沒有一個偌大的哭點，但就是那些細瑣到刺心，如鞋裡的沙、眼中的塵、心上的灰，微小卻讓人崩潰，一點一點侵蝕你的防衛與堅強。

一封離職信不足以讓你難過，一句批評不會讓你倒下，但是那一次一次的嘆息間，就把你的什麼決心也呼出了，那是你曾經的信念與堅持，你承諾的未來和幸福，你對自己的信心與踏出每一步的堅定感，一點一滴的磨蝕在每日的呼與吸之間。

有本書這麼說：「那些殺死你的都並不致命。」

對每個人的生活而言，讓我們倒下的都不是一次打擊，而是一次次的拍打輕敲；讓公司倒閉的也不會是一次危機，而是每一個細微決策所偏離的軌道。

而會讓一個充滿熱情的創業者垮下的，也不會是一個挫折，而是每一次盡心付出後的無聲、每一聲諄諄教誨中換得的細語、每一個百般叮嚀後卻沒有記在心上的懊惱；是每一天，走進公司前與走出公司後，那心境落差的對比，一階一階疊加成巨大到難以再跨上的高階。

如同剛踏入社會的新鮮人，因為想像與現實的落差，成為了所謂的社會人士，也成為了另一波逐流。

老闆們也在這樣的階梯中，在熱情消散、崩潰倒地之後，開始隨波逐流。

「不能對員工太好，升米恩、斗米仇。」

「要有制度要有規定，不可以太相信人性。」

「人都有惰性，自主管理是不可能的。」

「對他們好，他們最後也是會離去的。」

這些老闆們所提供的感悟箴言，都是他們在某個崩潰時刻，所記下來的教訓，如同我們長大後被教育的：不要太相信人、不要掏心掏肺的付出、不要太過老實……等社會生存法則一般。

我們大家都這樣認為，並且這樣對待每一個人。

沒有人想被這樣對待，但卻已經形成「不這樣子做，就活不下去」的一個現況。

我曾想過要收斂心神，冷酷以對，面對每一個夥伴都是冰冷公事，不再放出任何情緒與感情，只把他們當作工具般對待。

但看見留下來的夥伴，他們認真的模樣，想起每一位都是我一個個面試、談過、聊過，發邀請錄取信，再一一接待進門的夥伴。

倒下不因大事，再站起來，也不需什麼大志。就是他們每天的一聲早安，每次會議談論的笑聲，每次精妙的回應……一天的愉快與信心，也都是來自這些微不足道的小事。

那些崩潰，就好像是歷史的塵灰，被遺忘在昨日。

8 回憶

公司滿兩年後，遇到的第一個過年。

一般過年時我都是隨著太太帶著小孩，大年初一先回高雄娘家，過一夜後初二再團聚吃個飯，太太與小孩留在高雄有外公外婆陪伴，太太也更清閒一些，趁此時好好休息。我則一個人開車回台中，大概在晚上八點多啟程。

北上的路，通常沒什麼車，國道三號有很長的路段都是沒有路燈的。一路上，除收音機的聲音外，只剩下自己。

太太總擔心我這段路會精神不濟，常說可以打電話陪我聊天，戴著耳機說話好似坐在副駕一般。剛在一起時的確試過一次，後來覺得這樣好像也有點危險，便做罷。

車程約兩個半小時，除偶有對向未關的遠光燈閃爍之外，大多數時刻都是寂夜星光，穿越隧道時就會有種恍如隔世的跳躍感，好像立即年輕或老了幾歲，但心依舊。

後來的我有點享受這樣的時刻，去程時帶著太太孩子，整路通常都在談話、肚子餓餓、別哭了、忍一下等等休息站要到了、先別尿、你先睡一下……的吵鬧中渡過，如家中有孩，這情景應該是再熟悉不過。

因此回程的寧靜，就是難得的時刻，一邊想到年假有五天，公司無人、家也無人，我一人可做的事好多好多，這段車程開起來是另外一種期待。

以前曾看過一個提問說，男人為什麼到家後還不願意下車，寧願一個人留在車上，或抽菸或滑手機，或靜靜坐著、趴著，不知道想些什麼，這心態是為什麼？

最多人贊同的回覆，大抵上是說，車子是男人的空間，只有在車子裡，男人才是他自己。

這個「自己」很難說是什麼。如果以女人所受的社會壓力，大概是如卸妝後的浴室，才是自己。當然這些情緒無法比較，我們也一直都在找是「自己」的時刻。

對我而言，這段路程，就很「自己」。

初二的北上高速公路，很容易進入前後無車的狀態，整段路上彷彿只有你在往北，大家都還在趕回家，究竟有多少人離開家鄉去打拼呢？

這時候我會開啟定速模式，讓右腳放鬆活動，只剩下手緊握方向盤，呈現更舒服的姿態。我一直期待自動駕駛的出現，開車畢竟是個無趣的動作，在小小空間裡，無法睡著，因此能活動最多的就是腦袋。

在這樣的時刻，回憶是最容易冒出來的。我通常會把自己出社會工作到開公司創業這段路程想過一遍，如思緒走完這段而人還未到，則再把學生時期的事拿出來回味。

最常想起的一段，自然是開公司後的種種。常聽聞創業第一年倒閉率是九九％，這說法聽起來激勵人心，但卻存在難度上的謬誤，因為每一個行業，踏入與離開的比率大多如此。

你是否曾一時興起，想當個跑者，於是買了跑鞋、運動褲、毛巾跟小腿束套後，最初一週跑三次，第二週忙碌只跑一次，第三週想起跑步還要做好多準備，於是說服自己下次有空再跑。

你有沒有在看過烹飪影片後，覺得料理好有趣，於是也找了烹飪教室，上了一個月四堂課，在課堂上照老師做的，雖不美味但也有模有樣，拍了幾張煞有其事的照片打卡後，想著在自家也可以試著做，但正要準備時發現缺東缺西，要買又好麻煩好貴，於是想著有空再說。

你會不會偶爾看到別人的畫作，覺得會畫畫的人好酷，能把心中的故事畫出來一定很棒，於是也開始想練畫畫，上網找影片、找課程，也照建議買了些畫具，然後嘗試在紙上畫了幾筆，覺得怎樣都不像，於是想著大概是自己沒有天分吧。

創業大抵如此。一些人受不了老闆又蠢又煩、一些人覺得當老闆好爽我也要、一些人自認看見了市場機會、一些人受到鼓吹想要當自己的主人……然後開了公司、租了辦公室、開了店、擺了攤，小賺大賠苦不堪言，心力交瘁被市場主宰，當老闆說話很爽但沒人要聽很慘——就跟你當初不想聽老闆的話一樣；於是收的收、倒的倒、跑的跑，才有了九九％這樣的公司倒閉率。

那些你看到堅持跑下去、堅持煮下去、堅持畫下去、堅持公司開下去，持續做著、活著的人，他們不一定有什麼天分或長才，不過是認真而已。

這世界上所有的難度，都是為了將那些玩票心態的人，隔絕在外。

車開到了第一個休息站，我去上了廁所、買杯咖啡，雖然這時間喝咖啡，定會更加晚睡，但難得假日，就隨意吧，開車安全。

上路後，思緒接回到開公司初期。

當時我在咖啡廳待過一個月，覺得上廁所太不方便，於是找了一個共同工作空間，窩著工作近三個月。後來因為要設立公司行號，找了商務空間，租了一個人的辦公室，繼續窩著。

現在想起那段，都覺得很傻，怎麼會相信在那麼多人的市場裡，有我可以存活的地方呢？開公司要嘛天真，要嘛蠢到極點、不知天高地厚。

再後來，真的讓我在市場上擠出一點路，憑著一個粉絲團的紅火，擁有些許名聲與機會，業務也越來越多。

如果說創業只有自己一人，那充其量不過是自雇者、或是所謂的Freelancer，有沒有公司行號在身上並沒有差。

老闆的意義，並不是開了一間公司，而是擁有了對別人的責任。

請了第一個員工，才開始我真正的老闆生活。

第一個對外公開招募的員工，是文案人員。當時的招募文有一千多人按讚，得到了兩百多個分享與一百多則留言，最後獲得了大約七十多封履歷。

當時為求禮貌，每一封寄來的履歷我都有回信感謝，雖累但也滿足，覺得自己深受許多人青睞。

常聽聞創業前十位員工非常重要，但我在很後來才認知到面試是一門專業，因此當時也只能靠許多老闆都倚賴的「直覺」，選了當時第一眼覺得真的很對的人。

兩年後回想起來，不論是運氣還是直覺對了，都慶幸那第一位的認真與負責，雖沉默難解，但遇事主動回報與盡心做好份內事等特質，讓我在最初的老闆生涯中得到不少鼓勵。

想起與他的種種，車開到了第二個休息站，直駛而過，離回家剩下不到一小時。

後來的公司發展有如吹氣球般成長，轉眼間已經到了十個人了。很常聽到一些生了小孩的父母說：「生小孩會失去自己的生活。」

公司人多後，我才知道什麼叫失去自己的生活。或者，其實我沒過過自己的生活。

總覺得自己永遠都在處理別人的事，那份報價單、那通電話、那封信件、那篇稿件，我時常轉換自己的思考，去想為什麼他們會這樣做，那我該怎麼給予回饋，轉換久了，好像失去了自己的角度。

每個人都會問老闆怎麼想的、猜老闆怎麼想的，但事實上我根本沒有想什麼，我只想著我要怎麼回答，你才能夠做得更好？

我也想知道自己是怎麼想的，當公司人數是當初的十個自己時，我還是給自己發一樣的薪水，沒有賺比較多，但卻累得更多，焦慮更多。

這是我要的生活嗎？車下了交流道，一個大轉彎，駛出了漫長的高速公路，開始有紅綠燈、十字路口與行人，回到了城市。

我的日子還在繼續，沒有出口，無法轉彎。

偶爾與第一位夥伴聊起時，他常埋首於自己的世界裡，一抬頭，發覺公司已經坐了好多人，三個五個七個，有些人走得快，他連一句話都來不及說到，可能只發過幾個貼圖。

「公司發展很快，是好事吧？」我不知道，起碼帳面上都還蠻好的。過去我會嘗試問自己快樂嗎？上班快樂嗎？相處快樂嗎？結婚快樂嗎？創業快樂嗎？

有員工後，問這太奢侈，責任是不問快樂的，如同勞工局也不問你員工快樂嗎？沒打卡就是不行。

每次都會問面試者一個老套的問題：「為什麼想來我們公司呢？」

「常看你的文，覺得可以跟你學習一定很棒。」

「很喜歡你寫的徵人文，覺得是很有誠意的公司。」

「喜歡寫東西，找了很久，覺得這裡可以好好寫東西。」

是啊是啊，我們在外總有個形象，好似戀愛前的「以為」，當然真實與想像有落差，但起碼裡外要一致，說到要做到。

轉了數十個彎，終於到家，停好車後，已經快十一點，近午夜了。

昨早一家人熱鬧出發，今晚一個人靜默入門。
昏暗的燈光，沒有人點燈。
如每天早上的辦公室，我對自己說早安。
等著夥伴們進門。

小故事——端坐虛幻王座之人

過去我曾待過一間極新創的公司，我是第一號員工，只有我跟老闆兩人。老闆要我稱他總經理，當時年紀雖輕，但也好奇：莫非這老闆有許多事業？否則只有我們兩人，為何他是總經理呢？要理誰？

後來也陸續有其他夥伴，但當我們一起討論這間公司時，總覺得不明所以，每日老闆總是漫無目的給予各種任務目標，卻沒有任何實質意義。

比如說要我們去看同業的網站，分析優缺點，評論他們的服務好壞，好用來改進我們自己的網站。

但當時我們連自己的網站都還沒看見，總經理只說已經在架構了，未來有機會使用時就可以改進了。

比如說要我們去找願意配合我們的服務廠商，作為之後的服務供應商。

但當時我們連自己的服務是什麼都說不出來，也提不出任何可以交換的利益條件。

當然年輕的我們，都不知道做這些事的意義，更不懂為什麼要做，詢問總經理，也只是得到瞭解市場脈動、建立人脈之類的回答。

我待了兩個月，真的不知道自己在做什麼。某天早上開會，總經理表示對我們的表現不滿意，說了我們都不用心之類的話。當下我們一臉茫然，因為根本找不到用心的點，既沒有目標也沒有方向，連ＫＰＩ跟每日任務都沒有。

下班後，我覺得要好好的討論這件事並表達對公司的建議，就找總經理談了一下。

我說了在這裡的感受，並表達對初創公司的期待，未來希望能有更明確的方向與目標，好與公司一起打拼努力等等。

近一小時的談話中，總經理只是修剪著他的花木，冷冷地聽著，回以「是喔」、「你們是這樣想的啊」、「喔，原來是這樣啊」、「我知道了」等話語。

說到後來，感覺有些自討沒趣的我，便結束談話隨即離開辦公室。

當晚，我收到簡訊，總經理辭退了我們全部的人。

大意是，大家對公司沒心，那就別繼續待了，我們只需要有心的人一起打拼。

隔天，我們一群人到辦公室收東西，看著坐在總經理位置的他，一張華麗皮質的軟綿辦公室椅，木製厚重的桌子，空蕩的桌上只有一台電腦而無其他文具，他如君主般貴氣卻面無表情，看著我們收拾東西，只是冷冷的斜撇幾眼。

我們走時，說了聲：「總經理再見。」

「嗯。」他如此回應，沒有帶著什麼情緒。

那是我第一次體會到什麼叫作老闆的姿態，以及一股名為權力傲慢的感受。

但是底下，空無一人。

PART／4 身為老闆

1 倒閉

「我們公司很大，不會倒啦。」

「公司發展方向有問題，可能幾年後就倒了。」

「最近營運狀況有問題，大概撐到明年吧。」

經歷公司倒閉不是新鮮事，但大多數人不覺得會這麼快遇到。

但我每天都在擔心，公司明天就倒了。

創業時我只有五萬，付完辦公室租金與押金，再買些辦公用具，沒錢了。如果這個月沒有進帳，下個月公司就開始負債，如果我找不到新的案件，那下個月就倒了。

幸好我是一人辦公室，倒閉只有我一人，公司以接案為主，現金流算是來得快。

第一個月，接了三個案件，下個月初就拿到錢，平安渡過一個月。

第三個月，案件與課程接著來，都是身邊朋友介紹，親近，付款快，我成功活過了試用期。

公司剛開始的前半年，每月支出是三到五萬，租金、網路服務、交通與我的辦公室生活費。一年後，第一個夥伴進來，每月到達十萬支出，當時每月進帳約十五萬，過去完全想像不到，我可以一個月收到十五萬的錢，要不是中獎就是撿到錢了，現在每個月都是這樣進帳。當然，也想不到每月我需要付出去十萬。

第二年後，每個月支出超過五十萬，已是我過去上班時，一年的薪水了。這樣的生活，過去只覺得是新聞是故事，現在發生在自己身上，是日子。

負擔十個人在辦公室的生活，相當於負責他們二分之一的人生，出社會後就只有工作與家庭，我總是鼓勵他們，多留一點給家庭，不要傾倒自己的人生。

除非你像我一樣，在創業。

身為老闆，人生可以倒，公司不能倒。公司在最危急的一次，連三個月虧錢，以接案公司來說，穩穩做案子順利，應該是不會這樣的，但我辦了一個任性的活動，就是那時候的負能量粉絲團告別活動。

為了七十萬粉絲團停止更新，我自以為是的覺得這件事很重要，覺得應該很多人會想來看我離開，於是辦了一個粉絲團告別活動，租了校園講堂，做了幾十萬週邊商品，邀請了講者，並準備售票，共七百個座位。心想七十萬粉絲，只要有〇・一%重視我就好了。

活動開賣一個月，只賣出一百張票，週邊商品只賣出不到一成。

我心慌心煩，用盡力氣宣傳，每天幾乎睡不著覺，看著宣傳活動一點進展都沒有，我煩躁的心每個人都看得出來，但沒有人敢說。

當時我連取消活動的心都有了，甚至覺得粉絲團不要停止更新好了，繼續賺錢也好，何必為了滿足自己心中的什麼創作人格與創新理念，做這種傻事呢？活動前一個月，售票三成，週邊兩成。

我跟團隊夥伴們，不只語重心長的說過一次，這活動很重要，重要的不只是錢，更是社群上的意義，如果這活動失敗了，我們以後怎麼面對我們的廠商呢？當然我心想的另一部分，還是錢的問題，這關乎到大家的年終，甚至是下個月薪水的問題。

在某次會議上，我甚至是氣餒的跟大家說：「如果這次活動失敗了，公司可能就要收了吧。」

最後，活動當天，共賣出三百多張票，週邊最後販售四成左右，辦完活動結算，還撐得住。

看著現在還堆疊在倉庫的庫存，總是不斷提醒著我那段日子，心中滿是感慨，覺得自己在老闆這條路上，不是那麼稱職啊。

讓公司面臨危機，就是老闆的不稱職。

倒閉，就是老闆的錯。

不過倒閉有時候沒有想像中那麼慘，不像電視上演的那樣，負債累累、欠款不付、老闆跑路、員工淚訴……那是所謂的惡性倒閉，不是常態。

上次聽到一個老闆說，他收掉連鎖店的故事。

賺不賺錢不知道，但心肯定是累的，從一間店開到六間店，年營收也是億等級俱樂部，在業界小有名氣，最新一間店剛開半年，花好幾百萬裝潢，開的時候風光得意，吸盡商圈熱潮。

半年後，無頭蒼蠅，外有競爭對手，內有員工紛爭，壓垮自己的最後一根稻草，是員工偷搬貨，把半間店都搬空了。

「一個女孩子，我跟你說，那種看起來乖乖的，最有可能出問題，平常那些很浮誇的，反而都好好的，那些看起來溫順的女孩，很聽男朋友的話，一交錯男朋友，就很容易做傻事。」老闆說，雲淡風輕。

員工的父母跪著求他，不要對這女孩有任何懲處，哭著、跪著。老闆心一直很軟，也煩，好吧好吧，回去吧。

累了，收掉吧。大半夜，自己開著車，去那間新開半年的店內搬東西，當初多風光，現在就越不敢見光。

商圈，半夜兩點才沒人，三點去，搬走自己的心血，收拾心情，關店。

負債三千萬。

沒有人哭，也沒被丟雞蛋，只有銀行記得。

只有他想哭。

另一個老闆比較平淡，拿了三十萬出來創業，找了身邊的好朋友一起接案。他一個人忙得要死，員工在辦公室抱怨這個客人好麻煩、爛客人，這案子可以不要接嗎？

心裡有好老闆形象，於是常對員工談心，照顧他們生活，花自己的錢讓員工坐計程車上下班。

「夥伴重要嘛。」

他把大家當夥伴，這裡是家，然後他一個人賠錢。

六個月，他除了原本拿出的三十萬，已經再貼三十萬進去，他自己存款也不過六十萬而已。

身家賠了一半，撐不下去，只好跟過去認識的另一個老闆談團隊合作，讓整個團隊進到對方公司內，薪水由對方支付，然後達成約定目標。

為了讓這個家能活下去。

結果夥伴們紛紛抱怨，說調性不合、步調太快、文化不適合、要輪班好討厭，紛紛離職。

最後團隊收了，家散了。

他不怪誰，說自己方向不對。

只有他賠錢，其他人都領薪水，過了開心的好一陣子。

當公司倒閉時，大家都可以有自己的選擇，外面還有好多工作可以選。

老闆，沒得選，只能收拾殘局，縫補自己破敗的人生。

2 老闆的工作

出社會後，我發現自己對於許多職業真正在做的事，其實一無所知。

如同我以為警察整天都在抓壞人，但事實上佔滿他們每天工作時間的，是寫報告跟巡邏。

聽到別人一整天坐在辦公室，只是坐在電腦前工作，完全不知道他們在做什麼。

那些在外奔跑的業務，騎著機車從一處移動到另一處，不知道他們停下來時，說了些什麼。

偶爾經過的施工工地，總看見工人來回搬著扛著走著，卻在幾個月後蓋好了一間房子。

其實別人的生活，真的很難想像；別人的工作，我們一無所知。

我曾有一段在公司上班的期間，不知為何開始自視甚高，認為自己做的工作很有價值，有些看不起其他部門的同仁，比如說總是覺得倉庫的效率很差、覺得經理們開會決策很慢、覺得物流的出錯率很高、覺得設計做的圖總差那麼一點……彷彿自己是這間公司最好最棒的，有一種愚蠢但超然於外的優越感。

現在想想還是挺可愛，如遊戲新手認為自己玩透這遊戲一般。

有一次跟主管出去開會，在這之前我老覺得他整天忙進忙出，我的申請單都沒空簽，真的很沒效率。那天開會是公部門一個單位的邀請，希望我們公司能分享關於餐飲行銷的心得，給其他餐飲同業學習參考，一同幫助在地餐飲事業，分享者就是我的主管。

我看到他的簡報，才知道他中午埋頭苦幹都在準備簡報，但從他有些不順暢的演說裡，可以感受到他並沒有很熟悉這份簡報內容，恐怕是昨天才剛做完的吧。

但是他很認真，真誠地說完每一頁，細心地回答每一個問題。

說完後，我也用力地替他鼓掌，當然因為他是我主管，但又有一份是關於他的努力。

回程車上，他跟我說，這一、兩個月好多單位找他，很多又是人情所托，甚至是大老闆的交付（本來找大老闆，但大老闆沒空只好推給他），所以都推不掉，每個單位要的東西又不一樣，所以每份簡報都要額外做過。

單位北中南都有，時間分散需求不同，他不是專職講師，但又覺得不能丟公司的臉，因此準備起來格外辛苦。

然後還是有一堆公司的事情要處理……期間他跟我說申請單他看過了，覺得沒什麼問題，只是他連坐下來簽的時間都沒有，回去就先簽給我。

我聽完後有點愧疚，雖然當時還看不到多深的境界，但我也能瞭解到，我真的不懂別人在做什麼。而我以為自己懂的。

說到此，我也開始瞭解到其實主管或老闆，也真的不懂我們在做什麼，而他們以為懂的。因此如果沒有好好把自己做的事解釋清楚，那我們就很容易被忽視。

在後來的職場，我越來越理解了這道理，於是我開始細心觀察別人做的事。

我發現物流的細節和瑣碎事情真的很多，在重複的勞動狀況下還要注意每件貨物細膩的差異，是個具重工又要出細活的工作。

也發現行政工作的繁雜與嚴重性，每一個看似簡單的表格與檔案管理，都會影響到整間公司的效率與出錯率，進而影響公司對外業務的發展。

雖然我瞭解了這些，也瞭解該尊重每一個崗位的重要性，但當時的我還是不懂老闆是做什麼的。

或許老闆很重要，但為什麼重要？老闆沒進辦公室時，我們事情也都做得好好的，而老闆進辦公室開會，反而會把原本好好的事搞得一團混亂，甚至要重新來過。

在自己開公司前，我換過許多份工作，是個蠻沒定性跟忠誠度的人，也因此看過比較多不同類型的老闆，他們各自有我佩服的地方，也有我覺得不合理的地方。

有的老闆業務能力很強，總是能輕鬆地把客戶簽下來。

有的老闆人脈很廣，隨時都能找到資源曝光自家品牌。

有的老闆對內管理很有一套，充滿效率與動力。

但對外厲害的對內就困難，資源多的問題也多，管理厲害的要求就多也嚴格高壓……各式老闆展現出各種不同的公司氛圍。

常有人說老闆是領導者，也有說是管理者，或者開玩笑說是顛覆者、破壞者、搗亂者……等，老闆的角色多元難懂，難學難精，其困難程度大概跟這時代的家長一樣吧。

所有人都是當了父母後，才開始學會當父母的；每一個老闆則是當了老闆，才開始學著當老闆的，而且總是學不會。

我第一次要請不適任的人離開時，從一個禮拜前就開始煩惱。事前寫了一封長信與他溝通，面對面談話時，對方卻只是低頭不語，我也覺得再這樣下去，我自己也快做不了事了；於是再寫了一次長文說明，並希望對方給予明確的行動與改進方案。

最後對方要離開的那天，我依然進行了離職面談，詢問這段時間是否有我需要改進的地方，以及勉勵對方，工作跟感情一樣，本就有適合與否、不是對錯，之後再找適合的即可。

之後我心情低落的開啟了下一次面試，直到找到新夥伴，表現很好，才將心中這塊大石放下。

過程中我不斷思考到底是哪裡出了問題，是面試時漏看了什麼，誤會了什麼嗎？還是溝通時哪裡沒說清楚？還是態度讓對方誤解了呢？

雖然身邊的人都勸我說，很多時候真的是別人的問題，但大家不是常說「公司有任何問題，都是老闆的問題」嗎？

那我到底是哪裡有問題呢？抱著問題，卻永遠沒有答案的感覺，是這世界上最糟糕的失眠。

老闆的工作，到底是什麼？

是也需要上戰場殺敵，一馬當先以身作則嗎？

是站在後方加油打氣，做個精神象徵鼓舞大家嗎？

是在各地指揮調度資源，提供各種支援與幫助嗎？

還是負責找出錯誤，糾正缺失，做個審核與把關的角色呢？

我觀察了許多老闆，也曾詢問許多老闆這問題，上述各種角色與論述都有，公司也各有好壞；要說找答案太困難，不如說為這道申論題找一個主幹就好。

畢竟問題都太難了，可能以上皆是，但一個人真能做到這全部的事嗎？整天都在切換角色，難道我們自己不會困惑嗎？

其實會的，但我們不能說。

老闆的工作，就是即使有疑惑，也不能表現出來。你必須堅定，即使你不確定，即使你想跟大家討論看看，但大家或低頭不語或勇於表達，都還是在等待你的最終決策。

我們能做出正確的決定嗎？不知道。

但我們必須讓它看起來是正確的，我們必須堅定的說這方向是對的。

即使我們不確定。

但，這就是老闆的工作。

每天的每天，說服自己，這條路是對的。

3 老闆的意見

自己開公司之後，最不習慣的事，就是不能隨意抱怨。

曾有一陣子，因為老二剛出生，我自己身體狀況不佳，再加上人事動盪的關係，常在臉書上發出各種心情低落的抱怨文。我的抱怨文通常不會直指是誰誰誰的問題，而都是用自諷的方式呈現，但滿滿的負能量讓許多人都擔心我到底怎樣了。

還記得那時候，到各個單位講課時，接待人員遇到我的第一個問題都是：「老師你最近還好嗎？」

一些情緒的抱怨，讓朋友透過臉書都覺得我是不是遇到什麼人生難關了？紛紛關心起我的狀況，讓我也感受到不少溫暖。但事實上，很多情緒都只是一時的宣洩罷了。

對外如此，更不用說對內了，只要我遇到有廠商退稿不滿意，或是案件催稿但資料未交齊全的狀況，當天我的情緒就會一直處在非常低潮，說話有氣無力，對小事易怒煩躁，常哀嘆發出怪聲，打字聲音變大……等。

後來有夥伴跟我反映，每當我這樣的時刻，大家都非常緊張，深怕這時間點，如果做了什麼事不知道會不會掃到颱風尾。

雖然我跟他們說過許多次，我這人非常就事論事，絕不會讓情緒外溢，只有家裡的老婆比較可憐，倒真的常被我外溢到。但即使這樣說了，誰會想惹一個正在氣頭上的老闆呢？

你的情緒不是你的，是全公司的氛圍。這是身為老闆最該學習的第一課。

我雖然也看過不少老闆，脾氣蠻橫、拍桌怒罵、恣意妄為等，尤有甚者還有對員工人身攻擊之類的不尊重行為發生，但我始終不認為這樣的公司，在面對真正的存亡危機時，會有人願意情義相挺不計勞報。

當然，想到那一步可能太遠，但對於人情氛圍這事，如果我能稍微收斂一點情緒，讓大家好過些，那我的這一點忍耐沒什麼大不了的。

只要一想到大家來上班，也是諸多忍耐，那其實我們都差不多，退一步大家都好做事。

因此我從一個人辦公室，到一群人辦公室，從臉書亂講話，到臉書每句話都整理過後，這之中的學習，可說是長進不少。

但也付出不少代價。

其一是幾位客戶朋友給我的回饋，某次在向我詢問案件時，小心翼翼地問著：「你最近……有比較好了嗎？」

我有點驚訝，因為我對客戶基本上都是非常的禮貌與小心，於是趕快回覆：「咦咦咦當然沒問題囉，怎麼這麼問呢？最近有發生什麼問題嗎？」

「沒有啦，就只是看你的臉書，覺得你這一陣子心情好像都不是太好。」

「啊啊啊啊沒有啦，那是其他事情啦，都是些家庭瑣事而已啦。」我趕忙澄清。

「喔，那就好，之前看你這樣，所以都不敢吵你。」

我心中暗暗一驚，才想到之前自己寫過的一篇貼文：

創業者的顧影自憐

……

我常提醒自己，不要讓自己看起來很可憐。

就算真的很可憐，也要報喜不報憂，打卡看起來沒失眠。

這年頭求可憐沒什麼用，討拍只是一時爽，更多人看見的是你也不過是眾多過不好的一員而已。

顧影自憐晚上睡前哭哭就好，醒來還是要付錢。

不要成為一個讓員工擔心的老闆，也不要成為老是在臉書討拍的情人，好像你的對象對你有多差一樣。

有誰會想跟一個可憐蟲談生意呢？

把自己過得好一些，讓客人與夥伴都更放心跟你合作。

這心境，大概也是創業的課題之一吧。

現在自己卻落入一樣的處境，總在臉書上讓自己看起來很可憐，好像全天下的不幸與壓力都在我身上，好像案件多到忙不過來。

讓別人看到，可能就會想：「既然你忙不過來了，那還是別找你了，也是對你好吧。」

在這之後，我就瞭解到，再忙也不要上臉書抱怨自己很忙，因為那不過是「假抱怨的名義在炫耀」罷了。

不論在客戶眼中，還是在同業眼中，是否看穿了這無聊的詭計，帶來的結果都不是好事。

其二是，我心中的痛，來自於我的內部夥伴。

在心情低落時，我常在臉書寫些自我厭惡的文字，有些可能來自夥伴的一些反應或話語，讓我在臉書上反省自己。

即使我認為我的個人臉書是我的反省與記錄，但在夥伴眼裡，很可能是種無形的壓力。

要去猜老闆在臉書說的事情是指哪一件事，以及是不是在說自己，這樣的心理壓力我想大家都遇過。

這可能也是為什麼大家不喜歡加自己主管或老闆的臉書，總有一種被監視的不愉快感。更不用說如果下班後還要看到老闆、主管的動態，就像持續接收公司的負能量一般，讓臉書不再是休閒空間，難怪新聞說年輕人都不使用臉書了。

而我即使自認是個公私分明的人，但對別人來說，總難免多做聯想。當時我沒有思考自己的角色，每一句話都會是一種交待，每一個記錄都好像是一種指責。

於是有因此離職、且在離職前就解除我好友的人，認為看我的臉書有壓力。也有夥伴盡量避開臉書互動，將一些心情放進心底。

因為他們不想猜，也不想懷疑，到底我今天說的哪件事是在說誰。我的臉書成為他們的壓力，但他們卻貼心的避開這樣的猜疑。

當我意識到這件事時，一些錯誤已經造成了，離職的人回不來，心裡的印象也回不來了。

為了這件事，我還特地在內部面談時提到這件事，說明我絕不會在公開的地方表達對大家的不滿，有不滿我直接就說了不會迂迴的；並且也減少了在臉書抱怨的機會。

我意識到，老闆的情緒應該自己收在心裡，或找另外的管道抒發。以老闆的身分，在任何一個公開場合所發表的言論，都代表著公司，也代表著你對別人的意見。

絕不再是你個人意見。

自開公司那一天起，你就消失了，剩下身分，剩下責任。你說的每句話，都有人認真看待，因為你也希望自己的指示能被認真看待。

開公司後，生活變成了工作，工作就是生活。

因此，每一句隨口抱怨，都將成為指令，操作了公司每個人的心。

「謹言慎行」這句話，是我當老闆最深刻的體悟。

4 老闆的權利與權力

總有人對創業抱持著美好的想像，即使是已經創過業的人。

如同戀愛一般，不論談過戀愛與否，不論上一段戀愛好與不好，我們都還是會對戀愛有一些憧憬。

是來自戲劇嗎？還是電影？是身邊人的故事？還是自己的收穫呢？

創業的收穫真的不少。

一個老闆與我分享，創業是一段濃縮人生的歷程，「你會把別人在人生十年才能學會的事，在一年內學完。別人職涯裡三十年才會有的體悟，在三年就感受完。你一個月遇到的人，比別人一年還多；你創業五年，來來去去的人，可能比許多人一輩子還多。苦難喜樂與悲歡離合，其實都需要時間去平復冷靜，但是創業者，最沒有的就是時間，只能快速堅強。」

好像擔任戲劇演員一般，要在兩小時內，詮釋完別人一生的情感。但戲劇終有結局，創業則無終點；這樣的刺激，是收穫嗎？我不太確定。在這條路上，能確定的事太少了。

當初對創業美好的想像，大多來自於權利。

「當老闆後就沒人管自己了，要做什麼都可以。」

這種高中生幻想考上大學後，就可以「自由學習」的心態，是每個人都經歷過的。

「當老闆後就可以只出一張嘴，把雜事交給別人去做了。」

現今還有這樣想像的人不少，就好像還有人覺得結婚後就可以把家事都丟給另外一人做。

「當老闆後，賺多少自己決定，不用再領那點死薪水，也不會有人跟我搶功勞了。」

我們都很常高估自己的價值，而低估市場的可怕，大多數的自信來自無知，是幸福也是殘酷。

凡是為「利」而想創業的，都會發現這工作不好做。

如同想進一間公司，是因為看他們福利很好，結果發現，公司福利好，是因為每一個人都強到跟神一樣、拼到跟鬼一樣；給的福利在外看來是甘泉永駐，在內看不過是海市蜃樓，用來撫慰心靈那一點空缺的。

等到真的創了業，我們就會發現，為了那些利，其實我們不用做老闆這麼累的工作。

那些利看起來美好，不過是背後的苦無法訴說而已。

真正能成就老闆的，都不是那些利，而是力，身為老闆的權力。這些背負責任的權力，是每一位老闆時時都在警惕自己的。

不論你再怎麼親切，你跟員工說話時，他們就是有一點緊張。

不論你再怎麼和善，你出現在辦公室時，大家還是會切換視窗。

不論你再怎麼循循善誘，你在的開會場合，大家的意見還是比平常少八〇％以上。

不論你再怎麼表達自己是非典老闆，說自己跟其他老闆不一樣，說自己是年輕老闆……你依然是老闆。

你手上掌握的權力，是他們沒有的力量，因此你們就是不同的個體與思維。「小心使用權力」，是一位創業超過十年的老闆，語重心長的體悟。

權利使人薰心，權力則讓人膨脹自我。

看過多少握有權力的人，在辦公室拍桌怒吼，口出惡言，稱自己是上帝般，但可知上帝所說是神愛世人。

有多少握有關鍵權力之人，對著合作夥伴頤指氣使，百般刁難，只為自身尊嚴與利益，而忘記自身的責任。

權力不是絕對的存在，都是來自於有人願意交付與信任。

沒有員工，老闆哪來的權力；沒有夥伴，你在市場哪來的權力；沒有信任，你的權力無法達成任何目的。

這時代的老闆，跟社群意見領袖、網紅有點類似，有些會選擇在臉書社群上發表自己的意見想法，或曬一下公司業務發展，更多是協助宣傳自己公司的產品。雖然公司都有自己的行銷資源，但老闆自己更該身先士卒、以身作則來帶頭宣傳。

也因此許多老闆在臉書上，都有自己的聲勢與追隨者，甚至還有一票粉絲追隨你。他們透過你在社群上的發文，覺得你是個好棒的老闆，覺得你真是理性聰明的老闆，覺得你真是為員工著想的老闆……覺得如果你是他們的老闆該有多好，自家老闆真是蠢笨傻。

這些營造出來的形象，不論真實度有多少，終歸只是生活的某個面向而已，如同我們不該看別的情侶秀幾張自拍照，就認為他們私底下都不會吵架；也不會因為某人發幾篇勵志學習文，就認為他是個積極上進的人；更不該因為朋友出國打了卡，就認為別人過很爽一樣。

那些營造出來的形象，背後都是員工與夥伴的支持與努力，不論他們是否認同，但他們全都尊重老闆對自家公司的解讀。最起碼，他們沒跳出來反駁。

身為老闆，你該知道連你自己的臉書發文，都是一種權力的展示，那些「讚」不是來自於你有多厲害，而是你底下的人為你撐出了多厲害的局面，讓你可以在檯面上，盡情展現那些美好的公司成果。

每當公司有聚餐或活動，我都習慣拍照記錄，再發到臉書社群分享，將屬於我們大家的歡樂展示給更多人知道。

每當夥伴們做出很棒的成果時，我都會第一時間分享到自己的頁面並誇讚，將這份榮譽歸於團隊，讓夥伴知道我非常重視他們每一分的付出。

而當夥伴們有做不好的地方，讓我非常灰心喪氣的時候，我則選擇壓抑想要宣洩的心情，忍住上網發文的衝動，因為我知道，那只會讓他們更加的挫敗與煩惱。

要去擔心害怕與隨時注意老闆發文的心情，是現今職場上另一種折磨。當然，發不發文是我的權利，沒必要連自己的社群都受限制；但我更知道身為老闆的權力，與責任。

那些新聞上的大老闆，一講錯話，整間公司的營收都要跟著顫抖。即使是小老闆，你的發言，也不只是代表你自己，更代表整間公司的形象。

即使看的人不多，但你說的話，不只影響你的心情，影響的更是整間公司的走向。

有權，有力，就要慎重行事。

當我們揮灑每一分權力、享受每一刻權利的同時，好好想一想，自己肩上，承擔了什麼責任。

5 老闆的格局

當員工時，常會覺得老闆每次開會都在講什麼外星話，都聽不懂。動不動就是什麼佈局、什麼策略規劃、什麼產業責任、什麼企業資源跟消費市場的趨勢……總是覺得很煩，心中只想著：「所以呢？我們現在到底要選擇A方案還是B方案？快決定啦我要去做事了。」

還記得公司曾有一次專案，聘請外部顧問共同合作，當時我也有幸參與幾次會議，覺得有機會跟外部專家學習，非常開心。但參與幾次會議後，我又開始覺得我好像不是同個星球的人。

一樣是什麼產業計畫、歷史責任、社會價值、世代傳承、企業文化形象塑造……但我們明明談的是一個民宿的行銷計劃與形象規劃啊。能不能告訴我選擇哪一個LOGO、預算有多少、該準備哪些宣傳管道、品牌故事該怎麼寫、時程表怎麼安排呢？

結果每次開完會，我都不知道我現在要做什麼。好像說了很多，但我一臉茫然，筆記寫滿滿的資料，但沒一個我理解且能用的資訊。

這段日子對我的職涯有很大影響，讓我立志以後不論是帶人或討論交辦事項，都一定要具體並且有明確結論。

多年後，自己創業了，與當年那些顧問都保持著臉書好友的狀態，漸漸地我發現，他們說的東西，我好像有點看得懂了。

我開始理解社會價值是什麼，是我們在商場行走時不能忘記帶給這社會的影響，不能只顧自己的利益而實行對社會有負面影響的策略。

我開始理解企業文化是什麼，是我們所做的每一項公司決策，都會影響每一位夥伴對公司的想像與行為，而成為企業整體的氛圍與個性，最終影響了企業的走向。

那些過去有些聽不懂，有點似是而非的概念，我開始可以理解並能解釋，甚至也會出現在我與別人的對談之中。當然，在說完這些概念後，我還是會做出具體的行動。

後來才瞭解到，這是格局。

格局造就了立場不同與視野高度的落差，最簡單的理解，就是一個月領五萬薪水與領十五萬薪水的員工，對於職涯的想像就不同；一個月營業額一百萬的公司跟一個月一千萬的公司，對於公司規劃與策略的安排就不同。

資源影響我們的格局，責任也影響我們的格局。當資源只有我們自己時，我們所想的事情都是自己能做到的；但當我們的資源有二、三十個員工，外部還有許多合作夥伴時，那我們想到能做的事就大大不同。

責任亦然。在職場上，我們大多只為自己負責；但當了老闆，你必須為許多員工負責，也要為許多外部合作單位負責，當然就不能只用自己的角度來看待這份工作了。

有些老闆常覺得員工格局太小，但也有許多員工覺得老闆格局很小，總看著眼前的營業額跟錢，不重視人才投資與技術研發，為眼前蠅頭小利而追逐，只重視撿便宜只會 cost down……云云。

當然都是對的，因為花自己的錢時，我們的格局都會變小許多。

一電商老闆因為員工的廣告設定錯誤，一個晚上就多花了近十萬的廣告費，卻沒有任何一筆訂單；員工拼命道歉，老闆隔天摸摸鼻子沒說什麼，只說下次小心。

但心中在淌血，要去哪裡找這十萬的缺口呢？如果今天這十萬是落在一個家庭身上，是不是都要把積蓄吃掉了呢？

另一做傢俱的公司，每一台機具都好幾百萬，一次因為操作不慎，整台機具壞掉報修，維修金額達百萬，老闆咬著牙付了，質問該員工時，他一臉不在乎，只說：「就一時忘記嘛。」

這帳單，都可以逼得一個家庭崩潰了。而當年底，該員工抱怨年終怎麼這麼少。老闆的格局與斤斤計較，是把整間公司的生存考慮在內，才會這樣小心與謹慎。

今年公司賺一千萬，難道明年還能賺一千萬嗎？如果今年這一千萬都分給大家，明年沒賺錢，公司就收起來了。就好像中樂透的人，揮霍著手上的紙鈔，肆無忌憚地享受當下，而忘了這不過是消耗自己的幸運而已。

更何況，公司的錢不是中樂透，而是每一個人一點一滴的努力，那老闆就必須守著這點滴的成果，持續地維持下去。

老闆的格局很小，只想要讓大家一直有工作，讓大家每個月都能領到薪水。

老闆的格局很大，不只要想到下個月的薪水在哪裡，還要為明年的薪水在哪裡做準備。

當我們在談論那些責任與形象、價值與計劃時，我們想的不真的那麼空洞，而是對那些未知的影響表達敬畏。

每一個人做完事能有多一分檢查，就是企業文化嚴謹的由來；每一個對外應對都用語恰當為他人設想，就是社會形象良善的建立；每一個新人入職，都有一位前輩指定帶著，給予細節的指引和解惑，就是開啟世代傳承之路。

常說老闆要抓大放小，要看遠不要摸細，但每一次崩裂，也是從細處開始。

格局看得再大，腳步還是要小，因為要等大家跟上來。

我們像是畫一張地圖，要瞭解整張圖長什麼樣子，該怎麼規劃與描繪，落筆要完整位置要對，等樣貌畫完了，才開始要點上每一座城市、山丘、湖泊……等細節，最後才能完成一張完整的地圖。

地圖有確定的樣貌，但公司沒有，創業的路上沒有未來的想像。

我們只是摸著石頭，一邊看著遠方是否有巨石落下，一邊注意腳下是否有碎石可踏，一步一步，小心不被洪流沖走。

那張地圖，不過是我們心中的藝術品，是那麼崇高、美好、充滿想像且偉大又絢麗。

只是，我們永遠到不了。

6 老闆的人氣

很多老闆，在外面擁有非常高的人氣，卻在公司內一點用都沒有。

領導，是比人氣還困難的事。

我自己是出過書的作家，暢銷一時再刷超過十次，擁有七十萬人粉絲團，受邀到各大學演講。本職文案工作也常受各單位邀請開課，更到各大企業講文案課，如微軟、百事、資生堂、統一夢時代……等。

簡單說，就是也蠻有人氣的。

時常會有粉絲、書迷、學員透過私訊問我問題，也有些擔心打擾我，小心翼翼地問。也常有合作夥伴希望有空來拜訪我，詢問我一些商業上的問題，希望討論交流一下，通常視時間安排狀況我都會答應。

我還是希望把最多時間，留給公司內的夥伴，與他們相處、分享、討論公司的事務。

但事實上，每天看得到老闆，你根本不會覺得老闆有多珍貴，反而會覺得「蛤？老闆今天在辦公室喔。」

有些老闆位置更大、事務更繁忙、人氣更高，外部的人想見他一面十分困難，更不用說想跟他請教點什麼事了。他們都渴望獲得大老闆的一點指教，就可以奉為圭臬學習。

而在公司裡的員工，有多少願意向老闆請教問題呢？當老闆說的時候，大家只會覺得心煩而已。

這就是身為老闆的自己，該有所體悟的角色。如同一位爸爸在外面呼風喚雨，在家還是要給孩子當馬騎；對孩子來說你不是權力與地位，而是爸爸的包容與愛。

對員工來說，他們進到公司內部，就是一同撐起你人氣的夥伴，而不是該景仰你崇拜你的粉絲。你或許很厲害，在外面說話很多人想聽；但在公司裡，你說話是他們該聽，因為他們必須與你一起對外說那些話——一同背負起這人氣的責任。

有些老闆，上雜誌、電視訪談，在外意氣風發，結果底下員工留言爆料老闆根本講一套做一套；也有些老闆在外形象做足、人氣噴發、專業滿分，結果公司業務卻屢屢受挫，員工專業度不足。

在出書那段時間，我有些感概，覺得許多粉絲都很喜歡我，但為什麼夥伴好像沒那麼喜歡我。每次與粉絲說話時他們都很興奮、眼神很專注的看著我；但與夥伴說話時，大抵是兩眼放空，或是眼神無光，或是低頭沉思。這種反差讓我有時候很難適應，但卻是最真實的情境。

與你最近的人，越知道你該是什麼樣子。

就好像很多明星在外美美帥帥，才華洋溢，一回到家，也是被另一半嫌棄不要亂丟衣服襪子、吃完東西要自己洗碗、快陪孩子寫作業、安排週末帶孩子出去玩的飯店……等等生活雜事，甚至自己的另一半迷的還是另一個明星，而你剛剛才跟他吃過飯而已。

現在的老闆，在社群網路上都有一些人氣，每次發文底下留言都是「老闆好棒」、「謝老闆指教」、「老闆說的真是好」之類的誇讚。

但那之中，有誰是真正知道你在做什麼的人呢？

我們常被那些人氣給迷惑，覺得自己好像開始偉大，好像有點厲害，好像有些影響力……到最後好像讓人氣超過了自己的能力，陷入了自滿的無知裡。

人氣無法發公司一分薪水、人氣無法幫你培養厲害的員工、人氣無法為你制定SOP流程、人氣更不會幫你包貨出貨接客訴電話與處理訂單，人氣只是個結果，這結果是所有公司夥伴一起努力出來的成果。

老闆，只是人氣的產品。

要說一切都是靠自己白手起家，那都太小看這世界對我們的幫助、周圍的人對我們的協助了。如果我們只專注於自己的苦難與努力，而沒看見別人的付出，那我們就不能被稱為領導者。

有時我們都認為員工沒有在聽我們的話，後來才發現，他們比別人都認真聽，也因此比別人都更困擾著這話要如何實現。

畢竟說道理容易，過生活難；拼人氣容易，拼市場難。

我以前在疲憊灰心之時，曾經認為，「如果可以被崇拜，就不要被學習，總有一天對方會學會而離去，但崇拜是沒有終點的追隨。」

這句話用來體現我們身為老闆與身為明星紅人的不同。

每一分崇拜的背後，都有無數人的辛勞；每一次被學習的背後，都有一份感謝。

一些網紅老闆曾發過類似牢騷說：「外面的人，不只給我錢，還對我笑，還爭先恐後想看到我。結果公司的你們，不只是我給你們錢，還要我對你們笑，你們一看到我還落荒而逃，當老闆真的是很不值啊。」

說起來是如此沒錯，但我們更常看到的是，那些一直長紅的大明星、天王，他們面對工作人員時，那感謝感恩的態度，才是真實。

我們可以收割成就，不是只有我們一個人播種，而是有人幫忙打水引水、有人整理田地雜草、有人買收清點種子、有人購買機具、有人除蟲、還有人運送到市場叫賣……我們只不過開機具走過田地而已，不是自己成就了這一切。

領導，是比人氣還困難的事。

在我將七十萬粉絲團停止更新後一年，我專心於公司的業務上，也在本業上持續努力耕耘，許多企業單位找我去上課時說：「老師，我們都好喜歡你的粉絲團喔，關掉好可惜啊……真的不再更新了嗎？」也常有外部合作夥伴跟我詢問為什麼要放棄那麼有人氣的粉絲團呢？

我說：「那是我的作品集，不是我的道路，我的路線是我的公司，與夥伴們一起努力，才是我的本業。」

出社會多年，也歷經了一些人生風雨，我變得瞭解現實與面對現實，知道個人力量的薄弱與世界的廣大，我已經知道很多事的難度遠超過年輕的我的想像，我更知道有些夢想，已經是一輩子都無法做到的遙遠。

我已過了做夢認為自己可以改變世界的年歲。

我學習到的是，一個人或許很難改變世界，但一群人可以，一間公司可以，一個企業可以。

即使外面的人再怎麼喜歡我——

他們，也無法變成我們。

7 創業的原因

人生走了一圈，才知生活不容易。

創業走了一輪，才知事業不容易。

過去一個人的時候，公司活著不難，帳務簡單好懂，這個月收多少錢，付出去多少錢，前錢減後錢，有三、四萬，這個月還算安穩。要有個六、七萬，這個月生意真好，雖然累些，但賺得比上班多點，自己付出都看得見，挺好。

三、五人時，公司活的有點著急，帳務複雜多了，這個月有人事、福利、交通、應付帳款與固定成本，客戶壓三十天的要催、六十天的要算，還有忘記付款的要提醒，總算一算，營收很高，利潤很低，還沒扣稅呢。帳面黑字就擦汗，平安渡過這個月；紅字就緊張，下個月要去哪裡找錢？

超過十幾人時，帳已經不在你手上算了，會計、財務經理的位置要有，你只能看報表，看著資產、投資、成本和一堆你好像知道是什麼錢，但永遠不知道花在哪裡的名目，只能看比率，不再看數字，營收創新高百萬千萬億又如何，現金流才重要，資金鏈一斷，公司下個月就關了，虧損是帳面，虧蝕是內心，這上下都是萬千去，好多人的家庭啊。

公司活著只是為了一口氣而已，為了那些曾經說過的話。

「投入這個產業一輩子了，雖稱不上第一，但也有了些知名度，為了那些支持我們的客人努力而已。」

「我們公司的目標，就是改變人們使用電腦的習慣。」

「我們的願景，是成為台灣最大的系統商。」

「我想讓人們知道這件事的重要。」

「培育人才，他們終將改變台灣。」

「養活我的家人跟員工的家人。」

「證明這件事做得到。」

我們都曾在過程中誇下一些海口，像是戀愛時的海誓山盟，我們都曾經想過一生一世，但過程太多曲折，那些亂丟的襪子、忘記的紀念日、不願拉下臉的爭吵，讓我們忘卻了那些承諾。

經營公司的歷程裡，我們都是想要好好做的，想好好開拓市場、想好好跟員工夥伴相處、想為大家打造一間很有榮譽感的公司、想讓大家在這裡做的每一件事都很有成就感。

但不論如何做，總無法讓所有人滿意，如同我們無法讓所有人愛我們一樣，總有對我們公司失望、難過的人離開，也有因為自己人生有其他目標追尋。

生命裡那些交織過的人，說不上厚實我們，但願我們能在他的生命裡留下些什麼，可能是幾個月的薪資、可能是某個印象深刻的會議、又或是某次我們一起出差時發現的小店，這些不會寫進工作日誌，卻寫進我們的每日，微小而確定的事，是我們一起走過的路程。

從創業開始，我認知到最大的收穫，就是我遇見了這些人，有了全新形式的生命交織。

旅行可以看見很多人，但我們都是淺短的過客；學習可以認識很多人，但我們只是同學，並不同行；興趣可以交到許多朋友，只是我們都看見彼此美好歡笑的那一面。

只有同事，你會看見他笑、他怒、他傷、他樂，看見他成長、他學習、他怠惰、他積極、他放棄、他隨波逐流或奮發圖強；

你可以看見他從衣裝筆挺、全妝上陣、容光煥發，一路到居家隨意、黯然失色、頹廢喪志的模樣；

可以看著他一早的神清氣爽到一晚的疲憊不堪；

看他的滿心期待到失望透頂；

看他接受任務時的唯唯諾諾到發佈任務時的堅定果斷；

幸運些，你甚至可以看見他的青春生澀期待下班後的約會，收包包的速度讓你想起了當年中午搶便當；

老天再眷顧些，你還可以參與他的人生大事，與另一半攜手誓約，為家庭奮鬥努力，與你分享新生小娃的熬夜折磨和可愛不捨。

你可以看見一個人這麼多面貌，可以看見這麼多人的一生面貌，這樣美好特別的經歷，只有當老闆才可能感受到了。

當你成為老闆，就會有許多人把他人生的最少三分之一與你分享。而你跟他們分享你的全部，你們福禍相依，都是生活都是故事都是日子，都是你們的歲月與年華。不論樓起樓塌，我們都曾住過，為它貼上磚、塗上漆、擺過桌、擦過椅、接著電、敲著生活。

這是多麼不容易的緣分。

以人生的境遇來說，你會與形形色色的人相處、交流、分別，但如果你沒創過業、開過公司、聘過員工、找過夥伴，你就一輩子不可能有這樣的機會，與一個人有這麼深刻且全面的交流。

這始終是我創業過程裡，最珍惜的部分。

不是那些與市場搏鬥的日子，不是收到大訂單歡慶的日子，不是營收創新高安心的日子，不是開發出新產品得意的日子，不是社交杯觥客氣的日子，不是孤夜獨自愁苦的日子……回憶起來，這些日子都消失了，成為帳務報表上的一筆數字而已。

最終留在我心底的，是每個早晨，與這群夥伴們，說早安的日子。

是每個會議，我們發表自己意見，或堅持或沉默，最後找出共識的日子。是每天中午，我們煩惱著要吃什麼，或訂餐或一起外出吃，一餐餐閒聊的日子。是每個午後，我們昏昏欲睡，商討著要用咖啡提神還是來份豆花，團訂外送的日子。

是我們一次次的談話發現，原來你也喜歡打電動、原來你也愛看展覽、原來你畫畫很厲害、原來你還拍自己的影片、原來你不吃甜、原來你下班後都會去運動……這些原來，都是一扇窗，每日為我開啟了新的視野。

是人與人之間，有過這樣獨特且無法取代的相處，成為我腦中揮之不去的畫面。

這理由比起什麼創業為了改變世界、創業是創造價值、創業是希望為社會做點事……等來說，格局顯得小上許多。

只是人生的大結局終歸塵煙，公司的大結局都是關閉，幾十年、幾百年的公司顯少，我們都在數十年之間起落，走向終局。

而在我心底深處，我堅定地認為，我們生命中所做的每件事，最終都是為了跟別人相處。

為了更好跟別人相處，於是我們學習；為了能跟更多人相處，於是我們分享；為了別人跟自己相處更舒服，於是我們練習。

為了參與別人的生命，於是我創業，用我的力量，打造一片基石，讓人們在這片基石上來去。走過，踏過，然後疊加上新的基石，擺上新的裝飾，讓更多人在這裡成就他的成就。

每一個創業，初始都沒那麼偉大；每一個創業成功，也都沒有那麼厲害。

不過是做好「人」的事而已。

不論你稱夥伴，還是員工；不論你把自己當老闆，還是領導者；不論你賣東西，還是做服務——就是做好一份對「人」的事，公司才是公司，老闆才是老闆，我們才是我們。

這條路上，我們一個人走上，最終也只有自己一人走完全程。

幸而，過程中，還有你們陪著。

這一生，精彩萬分。

終語

「為什麼想寫這本書呢？」

「想填補一些裂縫吧。」

這本書在二〇一八年六月時開始起心動念，原本只是想寫一本我自己當老闆心聲的書，於是開始蒐集資料，採訪身邊的老闆們，想瞭解更多老闆的心聲，並為他說出心聲。

過程中，聽到很多老闆的委屈，也聽到一些與自己想法不一樣的管理哲學，這些經驗非常的寶貴，我都一一記錄下來，用筆、用心，我希望他們的聲音被聽見、被看見。

他們有許多可能這輩子都不會被員工看見的用心，也有許多被誤解到無法解釋清楚的理由，因著責任與資訊差異，因此很多來不及說、說不出口、不忍心說的話，全往自己肚裡吞。

這樣吞好或不好，我不知道。但這些老闆常會說：「沒辦法，當老闆就是要這樣啊，你總不可能把自己的壓力往員工身上丟，他們來工作的，又不是像我們拼身家的，人家要下班，我們沒辦法下班，賺錢我們爽又不是爽到他們，賠錢當然也只能自己扛難道要他們扛嗎？」

這是大多數老闆把自己逼上一個心境上孤單的歷程，也是我看到許多好老闆背後的辛酸。

因此，我決定把這本書，寫成這些老闆們的心聲，一個以老闆為職的故事和內心話。

希望透過這本書，讓老闆的身分更真實一些，不是如新聞報導那樣，買豪宅開名車、揮霍無度壓榨員工等。如同這社會有壞人，不代表每個人都是壞的。

老闆的形象已經被刻劃的太深，太壞，太偏頗了。

在職場上，沒有壞人，每個人都只是為自己利益而努力的好人，他有自己的朋友、家人、情人、要負責的人——包括你的老闆。

我們都是人，我們也都為他人負責。

所以我想說點關於老闆更像「人」的事情，關於他們會難過、關於他們會心寒、關於他們的快樂與憂愁，關於他們如何為員工著想、但員工不領情的事。

不是誰的錯，只是沒用對方法，或沒把這份情說出口。

老闆們說了太多關於管理、策略、趨勢、經營的東西，但我們不能忘記，「人」是我們最重要的經營，所有的想法在「人」身上才有價值。

我們說得太遠，就容易忘了自己身邊的人。

所以我想寫這本書，不談經營管理、不談行銷策略、不談領導統御、不談競爭開發，我們就談談心，說說心裡話，那些平常不好意思說的話。

卻是我們真正該說的話。

想填補一些，關於勞資之間的裂縫。如果我們更懂對方一點，不再樹立假想敵，而是真正瞭解彼此內心的想法，或許我們之間就不是勞與資，而是懂你心的夥伴。

想填補一些，關於老闆們心中的委屈。大多數老闆忙到沒空去說這些話，他們忙到連跟自己家人說話的時間都沒有了，但他們依然有情緒有悲傷，或許透過這本書，幫他把話說出來，可以為他們的心療傷。

想填補一些，關於職員心中的不滿。永遠不解為什麼老闆會這樣做、氣憤老闆的無情與壓迫，如果我們也能理解背後的原因，或許在同理的思考後，能做出更好的選擇與態度。

即使這些都不能做到，那希望我能填補一些，這個世代的創業者沒說出的話、來不及說的話。

在變動的世代裡，創業與失業、追逐資本與追求生活、平衡人生與極致人生裡，我們還能夠停下來，說一說除了競爭以外的話。

希望這本書能成為一個通道，連接彼此的內心，看見我們要共同面對的問題，絕對不是勞與資，而是誤解與偏見，責任與權利，成長與理解。

有人，才是公司。有人，才是老闆。

老闆不是權力的代名詞，而是把工作變成生活的誓言。

老闆不是員工的管理者，而是把自己放空，在生命裡裝進另外一群人的過程。

老闆不是公司的領導者，而是學習將資源分配到適當的地方，看見本質的歷練。

每間公司，不管你喜不喜歡，都會有一個老闆。

我也是個老闆，回過頭看這本書的幾個章節時，都忍不住心酸了一下。看到某些章節，又笑了起來。

創業，就是這麼悲悲喜喜。

祝福你，在這條路上，也有屬於你的精彩。

也有，重來一次，依然會做一樣選擇的決心。

也有，一路走過的夥伴。

感謝言

聽說你在創業，那你一定很辛苦吧。
或許是，希望你的成果值得你辛苦。
或許不是，那你很幸運，恭喜你。

我在創業後，用了我人生一〇〇%的力道在努力，才發現原來自己還有好多成長空間，原來我過去的一〇〇%，只是剛開始而已。
創業，逼人成長，很快很快的成長。
我許多老闆朋友，一年不見，就又跨過一個境界，非常厲害，我只能不斷向他們學習。

這本書，感謝有你們的分享，才得以完成。
你們在創業路上的心得，都是這本書的養分，成就一片心靈沃土，將孕育更多背負責任的新芽。

感謝以下的老闆給予我的協助與靈感——鐘志誠、何佳勳、賴銘堃、洪湘婷、劉彥伶、陳睿笙、陳思傑、阮衞顥、柯延婷、李忠儒、貝克菜。

遇見你們，我才知道創業路上的點滴，都是過程與收穫。生命中來去的每個人，都準備了一些事要來告訴我們。

創業不過是個起始，負責才是一輩子的路，生存才是我們的考驗。

我們都不是完人，但我們盡力做好一個人。

身為老闆，我很感謝，感謝那些出現的人，感謝那些願意教導我們的人，感謝包容我們的人。

感謝，也遇見我們的人。

「文案的美」負責人——林育聖

二〇一八年十一月筆

有方之度 004

聽說你在創業

作者　林育聖（鍵人）｜社長　余宜芳｜總編輯　陳盈華｜企劃經理　林貞嫻｜封面設計　陳文德｜出版者　有方文化有限公司／23445 新北市永和區永和路 1 段 156 號 11 樓之 2　電話—(02)2366-0845　傳真—(02)2366-1623｜總經銷　時報文化出版企業股份有限公司／33343 桃園市龜山區萬壽路 2 段 351 號　電話—(02)2306-6842｜印製　中原造像股份有限公司——初版一刷 2019 年 1 月 25 日｜初版六刷 2021 年 10 月 14 日｜定價　新台幣 320 元｜

聽說你在創業／林育聖（鍵人）著．-- 初版．-- 台北市：有方文化，2019.1；　面；　公分　(有方之度；4)

ISBN 978-986-96918-4-0（平裝）

1. 創業

494.1　107022298

此書獻給我第二個女兒。
創業路上，能迎接妳的到來，
是我這路上最重要的成就。